Lothar Selle

RSA-129
Endziffern-Problem

Lothar Selle

RSA-129
Endziffern-Problem

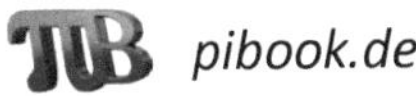 *pibook.de*

Bibliografische Information der Deutschen Nationalbibliothek:

Die Deutsche Nationalbibliothek verzeichnet diese Publikation
in der Deutschen Nationalbibliografie;
detaillierte bibliografische Daten sind im Internet über

http://dnb.de

abrufbar.

© 2023 Lothar Selle
Herstellung und Verlag:
BoD – Books on Demand, Norderstedt

ISBN: 978-3-757829971

VORWORT

Auf Bitten eines Lesers meines Büchleins ‚Primzahlen' habe ich mich mit *RSA*-129 beschäftigt. Er hatte mir 10 kleine Listen vorgelegt, die alle Varianten der letzten beiden Ziffern der beiden primalen Faktoren von *RSA*-129 enthielten, mit der Bitte um Überarbeitung.

Ich habe diese zusammengefasst zu einer einzigen Liste, die besser handhabbar ist.

Dabei sah ich, dass meine Methode der Listenerstellung auch Listen mit mehr Endziffern möglich machte. Nach Optimierung meiner Methode, die die Rechenzeit auf 10% reduzierte, erstellte ich auch Listen mit vier und mit sechs Endziffern.

Dabei erkannte ich die Möglichkeit einer weiteren Optimierung, die die Rechenzeit abermals auf 10% reduzierte, so dass ich schließlich auch Listen mit sieben, acht und neun Primfaktor-Endziffern erstellen konnte.

Listen der neun möglichen Endziffern enthalten **200.000.000 unterschiedliche Varianten!** Diese Listen lassen sich trotzdem in erträglicher Zeit erstellen, weil ich standardmäßig mit einer *VBA*-Grundeinstellung arbeite, die Programmausführungen um einen Faktor von ca. 20 beschleunigt!

Für die kontinuierliche Optimierung meiner Hardware danke ich meinen Söhnen Sven und Finn.

Ganz besonders danke ich meiner Ehefrau, die mir während der Arbeit an meinen mathematischen Projekten über viele Jahre hinweg Verpflichtungen abgenommen hat.

Bad Berleburg
Im Juli 2023

Lothar Selle

HINWEIS ZUR GESTALTUNG

Um Verwechslungen mit Exponenten zu vermeiden sind die Zahlen der Fußnotennummerierung *grau und kursiv* gesetzt.

HINWEIS ZUR ORGANISATION

Beachte folgende Verzeichnisse im Anhang:

> **Abkürzungen**
> **Literatur**
> **Abbildungen**
> **Tabellen**
> **Sachwortregister**

INHALT

1 ZUR LOGIK DER ENDZIFFERN-ARITHMETIK

RSA-129 ist eine **Semiprimzahl**, also ein **Produkt aus zwei Primzahlen**, hier von zwei ,*großen*' Primzahlen. Sie hat die folgenden **129 Ziffern** mit den beiden **Faktoren**:

114.381.625.757.888.867.669.235.779.976.146.612.010.218.296.721.242.362.562.561.842.93
5.706.935.245.733.897.830.597.123.563.958.705.058.989.075.147.599.290.026.879.543.541 =
3.490.529.510.847.650.949.147.849.619.903.898.133.417.764.638.493.387.843.990.820.577 ×
32.769.132.993.266.709.549.961.988.190.834.461.413.177.642.967.992.942.539.798.288.533

Die Bestimmung dieser beiden Faktoren erfolgte mit einem gigantischen Aufwand.[1]

1.1 Produktregel der letzten Ziffern von Faktoren

Die *n* letzten Ziffern von zwei Faktoren bestimmen eindeutig die *n* letzten Ziffern ihres Produktes!

1.2 Die letzte Ziffer von primalen Faktoren

Die letzte Ziffer von Primzahlen >2 ist **ungerade** und ≠5 für Primzahlen >5. Daraus ergeben sich zwingend folgende Eigenschaften der letzten Ziffer von primalen Faktoren:

Sie haben die Endziffern …1, …3, …7 oder …9. Die Produkte dieser Endziffern sind folglich:

$f_1\ f_2$	$f_1\ f_2$	$f_1\ f_2$	$f_1\ f_2$	Bemerkung
(a) $1 \cdot 1 = 1$	$1 \cdot 3 = 3$	$1 \cdot 7 = 7$	$1 \cdot 9 = 9$	
$3 \cdot 1 = 3$	$3 \cdot 3 = 9$	(c) $3 \cdot 7 = 21$	$3 \cdot 9 = 27$	
$7 \cdot 1 = 7$	(b) $7 \cdot 3 = 21$	$7 \cdot 7 = 49$	$7 \cdot 9 = 63$	$f_1 < f_2$
$9 \cdot 1 = 9$	$9 \cdot 3 = 27$	$9 \cdot 7 = 63$	(d) $9 \cdot 9 = 81$	$f_1 = f_2$

Es gibt also **10 unterschiedliche Varianten** und **4 spezielle Typen (a), (b), (c)** und **(d)**.

Die letzte Ziffer dieser 16 Produkte ist wiederum …1, …3, …7 oder …9, jeweils viermal!

Die letzte Ziffer von *RSA*-129 ist …**1**. Deshalb sind nur die vier Endziffer-Kombinationen der **Typen (a), (b), (c)** und **(d)** seiner primalen Faktoren möglich, also:

$\qquad$…1 und …1$\qquad$…7 und …3$\qquad$…3 und …7$\qquad$oder$\qquad$…9 und …9.

Die Suche nach den möglichen Endziffern der Faktoren von *RSA*-129 kann also **auf diese vier Typen beschränkt** werden.

1.3 Voranstellen einer weiteren Endziffer

Zu jeder im 1. Faktor f_1 an Position p vorangestellten Ziffer $_pv_1$ gibt es genau eine im 2. Faktor f_2 an Position p vorangestellte Ziffer $_pv_2$, die die korrekte Position-p-Ziffer $_pv_0$ in ihrem Produkt $f_1 \cdot f_2$ ergibt. Die Position p ist hier vom Zahlenende her gezählt. Für *RSA*-129 gilt also $_2v_0 = 4$, wenn der Endziffer eine weitere Ziffer vorangestellt wird um $p = 2$ Endziffern zu bestimmen.

Die Position-p-Ziffern $_pv_1$ und $_pv_2$ können nur Position-p-Ziffern des Produktes $f_1 \cdot f_2$ (und hierzu vorausgehende Ziffern) ändern.

$_pv_1$ und $_pv_2$ sind eindeutig! Der Grund hierfür ist:

$_pv_1\ \ _pv_2:$	1	3	7	9
1	1	3	7	9
2	2	6	14	18
3	3	9	21	27
4	4	12	28	36
5	5	15	35	45
6	6	18	42	54
7	7	21	49	63
8	8	24	56	72
9	9	27	63	81

Tab. 1:$\qquad$Kleines 1x1

Jede mögliche Endziffer 1, …, 9 kommt in jeder der vier $_pv_2$-Spalten von Tab. 1 genau einmal vor! Deshalb gibt es zu jeder Variante mit $p - 1$ Faktor-Endziffern 10 Varianten mit p Faktor-Endziffern.

Die nachfolgende Tab. 2 ist nach Größe von f_1 sortiert. Sie ermöglicht es aber, diese Feststellung für $p = 7$ für jeden der vier Typen **(a), (b), (c)** und **(d)** nachzuvollziehen. Dabei treten allerdings 18 Varianten doppelt auf, und zwar jene mit $f_1 > f_2$!

Durch Voranstellen von $_pv_1$ und $_pv_2$ ergibt sich die zusätzliche Endziffer $_pv_0$ im Produkt $f_1 \cdot f_2$:

$_pv_0 =$ letzte Ziffer von $_pv'_0 + {_pv_1} \cdot {_pl_1} + {_pv_2} \cdot {_pl_2}\qquad$ mit $l_1 =$ letzte Ziffer von f_1, $l_2 =$ letzte Ziffer von f_2

$\qquad\qquad\qquad _pv'_0 =$ Position-p-Endziffer im Basisdaten-Produkt

$\qquad\qquad\qquad\qquad f_1 \cdot f_2$ mit $p - 1$ Endziffern, also ohne in

$\qquad\qquad\qquad\qquad$ Position p vorangestellte Endziffer

---
1 Literatur siehe Anhang.

1.4 Zur Systematik der vorangestellten Ziffern

Für *RSA*-129-Basisdaten mit 7 Endziffern ist $_7v_0 = 9$. Diese ergibt sich eindeutig nach einer **einfachen Regel** durch Voranstellen der Ziffer $_pv_1$ vor den Faktor f_1 und Ziffer $_pv_2$ vor den Faktor f_2 vor beliebige Basisdaten mit sechs korrekten Endziffern, und zwar als letzte Ziffer der folgenden Summen[2]:

Typ (a): $_pv_0$ = letzte Ziffer von $_pv'_0 + _pv_1 + _pv_2$ $= 9 \mid 19$

Typ (b): $_pv_0$ = letzte Ziffer von $3 \cdot (_pv_2 - _pv_1) + _pv'_0$ $= -21 \mid -11 \mid -1 \mid 9 \mid 19 \mid 29$

Typ (c): $_pv_0$ = letzte Ziffer von $_pv'_0 - 3 \cdot (_pv_2 - _pv_1)$ $= -21 \mid -11 \mid -1 \mid 9 \mid 19 \mid 29$

Typ (d): $_pv_0$ = letzte Ziffer von $_pv'_0 - _pv_1 - _pv_2$ $= -11 \mid -1 \mid 9$

Beachte: Die **letzte Ziffer der Summe** $v_1 + v_2$ ist für gegebene Basisdaten von Typ (a) und (d) konstant!
Die **letzte Ziffer der Differenz** $v_1 - v_2$ ist für gegebene Basisdaten von Typ (b) und (c) konstant!

Beispiele für Ziffern, die den *RSA*-129-Faktoren der vier Typen vorangestellt sein können

Typ (a)

$_7v_1$	$_7v_2$	$_7v'_0$	$f_1 = ...1$	$f_2 = ...1$	$f_1 \cdot f_2$
0	0	0	1	543.541	0.543.541
0	9	0	1	9.543.541	9.543.541
1	8	0	1.000.001	8.543.541	8.543.549.543.541
2	7	0	2.000.001	7.543.541	15.087.089.543.541
3	6	0	3.000.001	6.543.541	19.630.629.543.541
4	5	0	4.000.001	5.543.541	22.174.169.543.541
5	4	0	5.000.001	4.543.541	22.717.709.543.541
6	3	0	6.000.001	3.543.541	21.261.249.543.541
7	2	0	7.000.001	2.543.541	17.804.789.543.541
8	1	0	8.000.001	1.543.541	12.348.329.543.541
9	0	0	9.000.001	543.541	4.891.869.543.541
0	0	7	51	343.991	17.543.541
0	2	7	51	2.343.991	119.543.541
1	1	7	1.000.051	1.343.991	1.344.059.543.541
2	0	7	2.000.051	343.991	687.999.543.541
3	9	7	3.000.051	9.343.991	28.032.449.543.541
4	8	7	4.000.051	8.343.991	33.376.389.543.541
5	7	7	5.000.051	7.343.991	36.720.329.543.541
6	6	7	6.000.051	6.343.991	38.064.269.543.541
7	5	7	7.000.051	5.343.991	37.408.209.543.541
8	4	7	8.000.051	4.343.991	34.752.149.543.541
9	3	7	9.000.051	3.343.991	30.096.089.543.541

Typ (d)   Basisdaten mit 6 Endziffern, $_7v_1 = _7v_2 = 0$

$_7v_1$	$_7v_2$	$_7v'_0$	$f_1 = ...9$	$f_2 = ...9$	$f_1 \cdot f_2$
0	0	5	9	615.949	5.543.541
0	6	5	9	6.615.949	59.543.541
1	5	5	1.000.009	5.615.949	5.615.999.543.541
2	4	5	2.000.009	4.615.949	9.231.939.543.541
3	3	5	3.000.009	3.615.949	10.847.879.543.541
4	2	5	4.000.009	2.615.949	10.463.819.543.541
5	1	5	5.000.009	1.615.949	8.079.759.543.541
6	0	5	6.000.009	615.949	3.695.699.543.541
7	9	5	7.000.009	9.615.949	67.311.729.543.541
8	8	5	8.000.009	8.615.949	68.927.669.543.541
9	7	5	9.000.009	7.615.949	68.543.609.543.541
0	0	7	219	765.039	167.543.541
0	8	7	219	8.765.039	1.919.543.541
1	7	7	1.000.219	7.765.039	7.766.739.543.541
2	6	7	2.000.219	6.765.039	13.531.559.543.541
3	5	7	3.000.219	5.765.039	17.296.379.543.541
4	4	7	4.000.219	4.765.039	19.061.199.543.541
5	3	7	5.000.219	3.765.039	18.826.019.543.541
6	2	7	6.000.219	2.765.039	16.590.839.543.541
7	1	7	7.000.219	1.765.039	12.355.659.543.541
8	0	7	8.000.219	765.039	6.120.479.543.541
9	9	7	9.000.219	9.765.039	87.887.489.543.541

Typ (b)

$_7v_1$	$_7v_2$	$_7v'_0$	$f_1 = ...3$	$f_2 = ...7$	$f_1 \cdot f_2$
0	0	2	3	847.847	2.543.541
0	9	2	3	9.847.847	29.543.541
1	0	2	1.000.003	847.847	847.849.543.541
2	1	2	2.000.003	1.847.847	3.695.699.543.541
3	2	2	3.000.003	2.847.847	8.543.549.543.541
4	3	2	4.000.003	3.847.847	15.391.399.543.541
5	4	2	5.000.003	4.847.847	24.239.249.543.541
6	5	2	6.000.003	5.847.847	35.087.099.543.541
7	6	2	7.000.003	6.847.847	47.934.949.543.541
8	7	2	8.000.003	7.847.847	62.782.799.543.541
9	8	2	9.000.003	8.847.847	79.630.649.543.541

Typ (c)

$_7v_1$	$_7v_2$	$_7v'_0$	$f_1 = ...7$	$f_2 = ...3$	$f_1 \cdot f_2$
0	0	2	7	363.363	2.543.541
0	1	2	7	1.363.363	9.543.541
1	2	2	1.000.007	2.363.363	2.363.379.543.541
2	3	2	2.000.007	3.363.363	6.726.749.543.541
3	4	2	3.000.007	4.363.363	13.090.119.543.541
4	5	2	4.000.007	5.363.363	21.453.489.543.541
5	6	2	5.000.007	6.363.363	31.816.859.543.541
6	7	2	6.000.007	7.363.363	44.180.229.543.541
7	8	2	7.000.007	8.363.363	58.543.599.543.541
8	9	2	8.000.007	9.363.363	74.906.969.543.541
9	0	2	9.000.007	363.363	3.270.269.543.541

Tab. 2:   Beispiele für Ziffern, die den *RSA*-129-Faktoren der vier Typen vorangestellt werden
$_7v'_0$ ist in $f_1 \cdot f_2$ dieser Tabelle unterstrichen.

Die Varianten der Typen **(b)** und **(c)** stimmen prinzipiell überein — unabhängig von den Ziffern, die ihren Faktoren vorangestellt werden. Sie unterscheiden sich lediglich durch die Reihenfolge der Faktoren.

Für das Voranstellen von Ziffern gilt insbesondere: Alle Endziffervarianten, die ohne vorangestellte Ziffer, also mit $v_1 = 0$ und $v_2 = 0$, das gleiche Endziffernprodukt haben, behalten beim Voranstellen beliebiger, aber gleicher Ziffer $v_1 = v_2$ ihre letzten Ziffern, siehe Tab. 3a, Tab. 3b!

---

2   Die Endziffer 9 wird sichtbar durch Tranformation der negativen Summen in den positiven Bereich durch Addition von $m \cdot 10$, $m = 1, 2, 3$. Vergleiche Tab. 2, vergleiche auch Abb. 5.3.

Beispiel Typ (b):

In vollständiger Abb. 4.3			In vollständiger Tab. 11b			Basisdaten mit sieben Endziffern		
n	$_7v_1$	$_7v_2$	n	$_8v_1$	$_8v_2$	$f_1 = \ldots3$	$f_2 = \ldots7$	$EZ = f_1 \cdot f_2$
			5.607	0	8	5.883	87.230.927	513.179.543.541
			5.608	0	6	7.693	66.707.337	513.179.543.541
			5.609	0	6	8.533	60.140.577	513.179.543.541
			5.610	0	4	10.353	49.568.197	513.179.543.541
			5.611	0	4	10.833	47.371.877	513.179.543.541
			5.612	0	2	18.683	27.467.727	513.179.543.541
			5.613	0	2	20.723	24.763.767	513.179.543.541
			5.614	0	2	22.533	22.774.577	513.179.543.541
			5.615	0	2	24.963	20.557.607	513.179.543.541
			5.616	0	1	32.683	15.701.727	513.179.543.541
			5.617	0	1	40.663	12.620.307	513.179.543.541
			5.618	0	1	45.103	11.377.947	513.179.543.541
32.103	0	9	5.619	0	0	54.723	9.377.767	513.179.543.541
32.104	0	6	5.620	0	0	75.313	6.813.957	513.179.543.541
32.105	0	6	5.621	0	0	79.373	6.465.417	513.179.543.541
32.106	0	5	5.622	0	0	92.463	5.550.107	513.179.543.541
32.107	0	5	5.623	0	0	95.613	5.367.257	513.179.543.541
32.108	0	5	5.624	0	0	98.753	5.196.597	513.179.543.541
32.109	0	4	5.625	0	0	106.053	4.838.897	513.179.543.541
32.110	0	2	5.626	0	0	172.753	2.970.597	513.179.543.541
32.111	0	2	5.627	0	0	179.193	2.863.837	513.179.543.541
32.112	0	2	5.628	0	0	182.903	2.805.747	513.179.543.541
32.113	0	2	5.629	0	0	191.383	2.681.427	513.179.543.541
32.114	0	2	5.630	0	0	232.203	2.210.047	513.179.543.541
32.115	0	1	5.631	0	0	392.343	1.307.987	513.179.543.541
32.116	0	1	5.632	0	0	398.083	1.289.127	513.179.543.541
32.117	0	1	5.633	0	0	419.543	1.223.187	513.179.543.541
32.118	0	1	5.634	0	0	435.183	1.179.227	513.179.543.541
32.119	0	1	5.635	0	0	505.383	1.015.427	513.179.543.541
32.120	0	0	5.636	0	0	708.883	723.927	513.179.543.541
32.121	0	0	5.637	0	0	733.033	700.077	513.179.543.541
32.122	0	0	5.638	0	0	853.923	600.967	513.179.543.541
32.123	0	0	5.639	0	0	947.163	541.807	513.179.543.541
32.124	0	0	5.640	0	0	966.773	530.817	513.179.543.541
32.125	1	0	5.641	0	0	1.633.513	314.157	513.179.543.541
32.126	1	0	5.642	0	0	1.666.833	307.877	513.179.543.541
32.127	1	0	5.643	0	0	1.689.163	303.807	513.179.543.541
32.128	1	0	5.644	0	0	1.780.223	288.267	513.179.543.541
32.129	2	0	5.645	0	0	2.073.813	247.457	513.179.543.541
32.130	2	0	5.646	0	0	2.300.253	223.097	513.179.543.541
32.131	3	0	5.647	0	0	3.007.963	170.607	513.179.543.541
32.132	3	0	5.648	0	0	3.627.813	141.457	513.179.543.541
32.133	3	0	5.649	0	0	3.840.963	133.607	513.179.543.541
32.134	3	0	5.650	0	0	3.874.603	132.447	513.179.543.541
32.135	4	0	5.651	0	0	4.019.043	127.687	513.179.543.541
32.136	4	0	5.652	0	0	4.102.253	125.097	513.179.543.541
32.137	6	0	5.653	0	0	6.546.743	78.387	513.179.543.541
32.138	6	0	5.654	0	0	6.931.393	74.037	513.179.543.541
32.139	8	0	5.655	0	0	8.359.743	61.387	513.179.543.541
32.140	8	0	5.656	0	0	8.810.403	58.247	513.179.543.541
32.141	8	0	5.657	0	0	8.928.433	57.477	513.179.543.541
32.142	9	0	5.658	0	0	9.760.533	52.577	513.179.543.541

Tab. 3a: Zu den Ziffern $_7v_1 - _7v_2$ bzw. $_8v_1 - _8v_2$, die den *RSA*-129-Faktoren in einem Typ-(**b**)-*Cluster* vorangestellt werden, erste Varianten

Erläuterungen: $_7v_i$ = 7. vorangestellte Ziffern, $_8v_i$ = 8. vorangestellte Ziffern.

Cluster = Gruppierung von Varianten mit gleichem Endziffern-Produkt $EZ = f_1 \cdot f_2$.

In vollständiger Abb. 4.3			In vollständiger Tab. 11b			Basisdaten mit sieben Endziffern		
n	$_7v_1$	$_7v_2$	n	$_8v_1$	$_8v_2$	$f_1 = ...3$	$f_2 = ...7$	$EZ = f_1 \cdot f_2$
			5.659	1	0	15.085.973	34.017	513.179.543.541
			5.660	1	0	15.393.693	33.337	513.179.543.541
			5.661	1	0	15.899.233	32.277	513.179.543.541
			5.662	2	0	20.302.233	25.277	513.179.543.541
			5.663	2	0	21.243.513	24.157	513.179.543.541
			5.664	2	0	29.447.383	17.427	513.179.543.541
			5.665	3	0	35.472.423	14.467	513.179.543.541
			5.666	3	0	36.637.363	14.007	513.179.543.541
			5.667	3	0	37.384.683	13.727	513.179.543.541
			5.668	6	0	64.091.363	8.007	513.179.543.541
			5.669	8	0	81.366.663	6.307	513.179.543.541
			5.670	8	0	86.147.313	5.957	513.179.543.541
			961.875	1	1	10.054.723	19.377.767	194.838.079.543.541
			860.167	1	1	10.075.313	16.813.957	169.405.879.543.541
			846.044	1	1	10.079.373	16.465.417	165.961.079.543.541
			...	...	...	...	...	...
			976.708	1	1	19.760.533	10.052.577	198.644.279.543.541
			2.257.261	2	2	20.054.723	29.377.767	589.162.979.543.541
			2.111.049	2	2	20.075.313	26.813.957	538.298.579.543.541
			2.090.880	2	2	20.079.373	26.465.417	531.408.979.543.541
			...	...	...	...	...	...
			2.278.938	2	2	29.760.533	20.052.577	596.775.379.543.541
			3.709.038	3	3	30.054.723	39.377.767	1.183.487.879.543.540
			3.543.697	3	3	30.075.313	36.813.957	1.107.191.279.543.540
			3.520.931	3	3	30.079.373	36.465.417	1.096.856.879.543.540
			...	...	...	...	...	...
			3.733.277	3	3	39.760.533	30.052.577	1.194.906.479.543.540
			5.182.957	4	4	40.054.723	49.377.767	1.977.812.779.543.540
			5.015.388	4	4	40.075.313	46.813.957	1.876.083.979.543.540
			4.992.285	4	4	40.079.373	46.465.417	1.862.304.779.543.540
			...	...	...	...	...	...
			5.207.652	4	4	49.760.533	40.052.577	1.993.037.579.543.540
			6.578.084	5	5	50.054.723	59.377.767	2.972.137.679.543.540
			6.421.257	5	5	50.075.313	56.813.957	2.844.976.679.543.540
			6.399.390	5	5	50.079.373	56.465.417	2.827.752.679.543.540
			...	...	...	...	...	...
			6.601.011	5	5	59.760.533	50.052.577	2.991.168.679.543.540
			7.814.598	6	6	60.054.723	69.377.767	4.166.462.579.543.540
			7.677.936	6	6	60.075.313	66.813.957	4.013.869.379.543.540
			7.658.987	6	6	60.079.373	66.465.417	3.993.200.579.543.540
			...	...	...	...	...	...
			7.834.387	6	6	69.760.533	60.052.577	4.189.299.779.543.540
			8.824.289	7	7	70.054.723	79.377.767	5.560.787.479.543.540
			8.716.990	7	7	70.075.313	76.813.957	5.382.762.079.543.540
			8.701.741	7	7	70.079.373	76.465.417	5.358.648.479.543.540
			...	...	...	...	...	...
			8.839.874	7	7	79.760.533	70.052.577	5.587.430.879.543.540
			9.550.251	8	8	80.054.723	89.377.767	7.155.112.379.543.540
			9.479.323	8	8	80.075.313	86.813.957	6.951.654.779.543.540
			9.469.149	8	8	80.079.373	86.465.417	6.924.096.379.543.540
			...	...	...	...	...	...
			9.560.460	8	8	89.760.533	80.052.577	7.185.561.979.543.540
			9.942.704	9	9	90.054.723	99.377.767	8.949.437.279.543.540
			9.914.355	9	9	90.075.313	96.813.957	8.720.547.479.543.540
			9.910.042	9	9	90.079.373	96.465.417	8.689.544.279.543.540
			...	...	...	...	...	...
			9.946.465	9	9	99.760.533	90.052.577	8.983.693.079.543.540

Tab. 3b: Zu den Ziffern $_7v_1 - _7v_2$ bzw. $_8v_1 - _8v_2$, die den *RSA*-129-Faktoren in einem Typ-**(b)**-*Cluster* vorangestellt werden, letzte Varianten

1.5 Zur Laufzeit der *VBA*-Programmversionen

Die Laufzeit der *VBA*-Programme nimmt bei direkter Bestimmung der möglichen Endziffer-Kombinationen der *RSA-129*-Faktoren f_1 und f_2 mit jeder zusätzlichen Ziffer um den Faktor 100 zu, denn für die 10 möglichen zusätzlichen Ziffern gibt es 10·10 unterschiedliche Produkte $f_1 \cdot f_2$.

Bei Bestimmung der Endziffern auf der Basis bekannter Ziffern durch Voranstellen einer weiteren Ziffer gibt es hingegen nur 10 Möglichkeiten, die zu den gewünschten Endziffern führen. Die Laufzeit wächst also nur um den Faktor 10. Erforderlich ist allerdings eine vollständige Basisliste inkl. Doppel mit f_1 <=> f_2. Wir legen stets eine nach Größe von $f_1 \cdot f_2$ geordnete Liste zugrunde.

1.6 Die letzten beiden Ziffern der primalen Faktoren

Die letzten beiden Ziffern von *RSA-129* sind …41. Zu diesen gibt es 40 verschiedene Varianten der letzten beiden Ziffern der beiden *RSA-129*-Faktoren, deren Produkt diese letzten beiden *RSA-129*-Ziffern hat. Die Hälfte davon unterscheidet sich lediglich durch den Tausch der beiden Faktoren f_1 und f_2. Ausnahmen sind vier Fälle, in denen $f_1 = f_2$. De facto gibt es also genau 22 unterschiedliche Varianten:

n	f_1	f_2	$f_1{\cdot}f_2$	Bemerkung	n	f_1	f_2	$f_1{\cdot}f_2$	Bemerkung
1	1	41	**41**		16	51	91	4.**641**	$f_1 > f_2$
2	3	47	141		17	53	97	5.141	$f_1 > f_2$
3	7	63	441			57	13	741	$f_1 > f_2$
4	9	49	441		18	59	99	5.841	
5	11	31	341		19	61	81	4.941	
6	13	57	741			63	7	441	$f_1 > f_2$
7	17	73	1.241			67	23	1.541	$f_1 > f_2$
8	19	39	741		20	69	89	6.141	
9	**21**	**21**	**441**	$f_1 = f_2$	21	**71**	**71**	**5.041**	$f_1 = f_2$
10	23	67	1.541			73	17	1.241	$f_1 > f_2$
11	27	83	2.241			77	33	2.541	$f_1 > f_2$
12	**29**	**29**	**841**	$f_1 = f_2$	22	**79**	**79**	**6.241**	$f_1 = f_2$
	31	11	341	$f_1 > f_2$		81	61	4.941	$f_1 > f_2$
13	33	77	2.541			83	27	2.241	$f_1 > f_2$
14	37	93	3.441			87	43	3.741	$f_1 > f_2$
	39	19	741	$f_1 > f_2$		89	69	6.141	$f_1 > f_2$
	41	1	41	$f_1 > f_2$		91	51	4.641	$f_1 > f_2$
15	43	87	3.741			93	37	3.441	$f_1 > f_2$
	47	3	141	$f_1 > f_2$		97	53	5.141	$f_1 > f_2$
	49	9	441	$f_1 > f_2$		99	59	5.841	$f_1 > f_2$

Tab. 4:　　Zwei Endziffern der *RSA-129*-Faktoren

Beachte: Um eine vollständige Liste der Faktor-Endziffern durch Voranstellen einer weiteren Ziffer an Position p zu erhalten, ist es erforderlich, die vollständige Liste der $p-1$ Endziffern zugrunde zu legen, also die Liste **inkl. der Fälle $f_1 > f_2$**. Anderenfalls würden bestimmte Varianten nicht gefunden.

Beispiel: Durch Voranstellen einer 3. Ziffer vor die beiden Endziffern $f_1 = 31$ und $f_2 = 11$ findet man für jede f_1 vorangestellte Ziffer genau eine passende vorangestellte Ziffer für f_2.

Typ-(a)-Lösungen:

f_1	f_2	$f_1 \cdot f_2$	Bemerkung
31	211	6.**541**	$f_1 < f_2$
131	111	14.541	
231	11	2.541	
331	911	301.541	$f_1 < f_2$
431	811	349.541	$f_1 < f_2$
531	711	377.541	$f_1 < f_2$
631	611	385.541	
731	511	373.541	
831	411	341.541	
931	311	289.541	

Tab. 5:　　Hinzufügen einer 3. Endziffern zu den *RSA-129*-Faktor-Endziffern $f_1 = 31$ und $f_2 = 11$

2 ENDZIFFER-LISTEN

Wir beschränken uns auf Listen unterschiedlicher Endziffer-Kombinationen, in denen also keine Varianten mit lediglich getauschten Faktor-Endziffern gelistet sind. Die Listen sind nach Größe des Produktes $f_1 \cdot f_2$ und des 1. Faktors f_1 sortiert.

2.1 Listen mit drei korrekten Endziffern in $f_1 \cdot f_2$

n	$f_1 = ...1$	$f_2 = ...1$	$f_1 \cdot f_2$	$f_1 = ...9$	$f_2 = ...9$	$f_1 \cdot f_2$	n	$f_1 = ...3$	$f_2 = ...7$	$f_1 \cdot f_2$	$f_1 = ...7$	$f_2 = ...3$	$f_1 \cdot f_2$
1	1	541	**541**	19	239	4.**541**	1	23	67	1.**541**	67	23	1.**541**
2	11	231	2.541	9	949	8.541	2	3	847	2.541	847	3	2.541
3	21	121	2.541	39	219	8.541	3	33	77	2.541	77	33	2.541
4	31	211	6.541	29	329	9.541	4	363	7	2.541	7	363	2.541
5	111	131	14.541	119	139	16.541	5	13	657	8.541	657	13	8.541
6	41	501	20.541	59	399	23.541	6	73	117	8.541	117	73	8.541
7	71	571	40.541	129	229	29.541	7	203	47	9.541	47	203	9.541
8	61	681	41.541	99	359	35.541	8	83	127	10.541	127	83	10.541
9	101	441	44.541	49	909	44.541	9	393	37	14.541	37	393	14.541
10	51	991	50.541	69	689	47.541	10	973	17	16.541	17	973	16.541
11	81	661	53.541	159	299	47.541	11	123	167	20.541	167	123	20.541
12	141	401	56.541	199	259	51.541	12	133	177	23.541	177	133	23.541
13	201	341	68.541	89	669	59.541	13	413	57	23.541	57	413	23.541
14	241	301	72.541	79	779	61.541	14	253	97	24.541	97	253	24.541
15	171	471	80.541	109	849	92.541	15	983	27	26.541	27	983	26.541
16	91	951	86.541	169	589	99.541	16	43	687	29.541	687	43	29.541
17	161	581	93.541	189	569	107.541	17	173	217	37.541	217	173	37.541
18	271	371	100.541	149	809	120.541	18	443	87	38.541	87	443	38.541
19	181	561	101.541	179	679	121.541	19	183	227	41.541	227	183	41.541
20	261	481	125.541	269	489	131.541	20	63	707	44.541	707	63	44.541
21	281	461	129.541	289	469	135.541	21	303	147	44.541	147	303	44.541
22	151	891	134.541	369	389	143.541	22	53	897	47.541	897	53	47.541
23	361	381	137.541	209	749	156.541	23	463	107	49.541	107	463	49.541
24	191	851	162.541	279	579	161.541	24	223	267	59.541	267	223	59.541
25	251	791	198.541	249	709	176.541	25	233	277	64.541	277	233	64.541
26	221	921	203.541	379	479	181.541	26	493	137	67.541	137	493	67.541
27	291	751	218.541	309	649	200.541	27	93	737	68.541	737	93	68.541
28	351	691	242.541	349	609	212.541	28	353	197	69.541	197	353	69.541
29	391	651	254.541	409	549	224.541	29	513	157	80.541	157	513	80.541
30	321	821	263.541	449	509	228.541	30	113	757	85.541	757	113	85.541
31	451	591	266.541	319	939	299.541	...	...	...	...	...	...	...
32	491	551	270.541	339	919	311.541	81	673	717	482.541	717	673	482.541
33	311	931	289.541	419	839	351.541	82	683	727	496.541	727	683	496.541
34	331	911	301.541	439	819	359.541	83	913	557	508.541	557	913	508.541
35	421	721	303.541	519	739	383.541	84	803	647	519.541	647	803	519.541
36	521	621	323.541	539	719	387.541	85	943	587	553.541	587	943	553.541
37	411	831	341.541	619	639	395.541	86	723	767	554.541	767	723	554.541
38	431	811	349.541	429	929	398.541	87	733	777	569.541	777	733	569.541
39	511	731	373.541	529	829	438.541	88	963	607	584.541	607	963	584.541
40	531	711	377.541	459	999	458.541	89	853	697	594.541	697	853	594.541
41	611	631	385.541	629	729	458.541	90	773	817	631.541	817	773	631.541
42	601	941	565.541	499	959	478.541	91	993	637	632.541	637	993	632.541
43	641	901	577.541	559	899	502.541	92	783	827	647.541	827	783	647.541
44	701	841	589.541	599	859	514.541	93	903	747	674.541	747	903	674.541
45	741	801	593.541	659	799	526.541	94	823	867	713.541	867	823	713.541
46	671	971	651.541	699	759	530.541	95	833	877	730.541	877	833	730.541
47	771	871	671.541	769	989	760.541	96	953	797	759.541	797	953	759.541
48	761	981	746.541	789	969	764.541	97	873	917	800.541	917	873	800.541
49	781	961	750.541	869	889	772.541	98	883	927	818.541	927	883	818.541
50	861	881	758.**541**	879	979	860.**541**	99	923	967	892.541	967	923	892.541
							100	933	977	911.**541**	977	933	911.**541**

Tab. 6:   Drei Endziffern der *RSA*-129-Faktoren, erste 30 und letzte 20 Varianten

2.2 Listen mit vier korrekten Endziffern in $f_1 \cdot f_2$

n	$f_1 = {\ldots}1$	$f_2 = {\ldots}1$	$f_1 \cdot f_2$	$f_1 = {\ldots}9$	$f_2 = {\ldots}9$	$f_1 \cdot f_2$	n	$f_1 = {\ldots}3$	$f_2 = {\ldots}7$	$f_1 \cdot f_2$	$f_1 = {\ldots}7$	$f_2 = {\ldots}3$	$f_1 \cdot f_2$
1	1	3.541	**3.541**	19	1.239	**23.541**	1	3	7.847	**23.541**	7.847	3	**23.541**
2	11	1.231	13.541	59	399	23.541	2	133	177	23.541	177	133	23.541
3	21	1.121	23.541	9	5.949	53.541	3	413	57	23.541	57	413	23.541
4	81	661	53.541	49	1.909	93.541	4	3.363	7	23.541	7	3.363	23.541
5	161	581	93.541	369	389	143.541	5	1.973	17	33.541	17	1.973	33.541
6	121	1.021	123.541	29	6.329	183.541	6	1.983	27	53.541	27	1.983	53.541
7	41	3.501	143.541	39	5.219	203.541	7	13	5.657	73.541	5.657	13	73.541
8	61	2.681	163.541	99	2.359	233.541	8	23	4.067	93.541	4.067	23	93.541
9	51	3.991	203.541	239	1.019	243.541	9	83	1.127	93.541	1.127	83	93.541
10	221	921	203.541	69	4.689	323.541	10	2.203	47	103.541	47	2.203	103.541
11	31	7.211	223.541	119	3.139	373.541	11	123	1.167	143.541	1.167	123	143.541
12	231	1.011	233.541	519	739	383.541	12	53	2.897	153.541	2.897	53	153.541
13	71	3.571	253.541	139	3.119	433.541	13	383	427	163.541	427	383	163.541
14	321	821	263.541	89	6.669	593.541	14	663	307	203.541	307	663	203.541
15	421	721	303.541	409	1.549	633.541	15	33	7.077	233.541	7.077	33	233.541
16	241	1.301	313.541	159	4.299	683.541	16	63	3.707	233.541	3.707	63	233.541
17	521	621	323.541	79	8.779	693.541	17	693	337	233.541	337	693	233.541
18	191	1.851	353.541	289	2.469	713.541	18	3.033	77	233.541	77	3.033	233.541
19	301	1.241	373.541	359	2.099	753.541	19	2.463	107	263.541	107	2.463	263.541
20	511	731	373.541	549	1.409	773.541	20	7.393	37	273.541	37	7.393	273.541
21	181	2.561	463.541	209	3.749	783.541	21	103	2.947	303.541	2.947	103	303.541
22	171	3.471	593.541	129	6.229	803.541	22	1.563	207	323.541	207	1.563	323.541
23	351	1.691	593.541	189	4.569	863.541	23	573	617	353.541	617	573	353.541
24	741	801	593.541	249	3.709	923.541	24	43	8.687	373.541	8.687	43	373.541
25	91	7.951	723.541	909	1.049	953.541	25	73	5.117	373.541	5.117	73	373.541
26	271	3.371	913.541	109	9.849	1.073.541	26	173	2.217	383.541	2.217	173	383.541
27	691	1.351	933.541	469	2.289	1.073.541	27	1.273	317	403.541	317	1.273	403.541
28	101	9.441	953.541	219	5.039	1.103.541	28	6.023	67	403.541	67	6.023	403.541
29	331	2.911	963.541	169	6.589	1.113.541	29	2.353	197	463.541	197	2.353	463.541
30	111	9.131	1.013.541	599	1.859	1.113.541	30	5.443	87	473.541	87	5.443	473.541
31	851	1.191	1.013.541	149	7.809	1.163.541	31	93	5.737	533.541	5.737	93	533.541
32	141	7.401	1.043.541	299	4.159	1.243.541	32	943	587	553.541	587	943	553.541
33	201	5.341	1.073.541	859	1.599	1.373.541	33	513	1.157	593.541	1.157	513	593.541
34	411	2.831	1.163.541	229	6.129	1.403.541	34	2.223	267	593.541	267	2.223	593.541
35	131	9.111	1.193.541	1.099	1.359	1.493.541	35	2.403	247	593.541	247	2.403	593.541
36	371	3.271	1.213.541	179	8.679	1.553.541	36	5.073	117	593.541	117	5.073	593.541
37	561	2.181	1.223.541	789	1.969	1.553.541	37	1.433	477	683.541	477	1.433	683.541
38	281	4.461	1.253.541	619	2.639	1.633.541	38	7.253	97	703.541	97	7.253	703.541
39	681	2.061	1.403.541	199	8.259	1.643.541	39	823	867	713.541	867	823	713.541
40	251	5.791	1.453.541	639	2.619	1.673.541	40	593	1.237	733.541	1.237	593	733.541

Tab. 7a: Vier Endziffern der *RSA*-129-Faktoren, erste 40 Varianten der vier Typen

n	$f_1 = ...1$	$f_2 = ...1$	$f_1 \cdot f_2$	$f_1 = ...9$	$f_2 = ...9$	$f_1 \cdot f_2$	n	$f_1 = ...3$	$f_2 = ...7$	$f_1 \cdot f_2$	$f_1 = ...7$	$f_2 = ...3$	$f_1 \cdot f_2$
461	6.341	9.201	58.343.541	7.629	8.729	66.593.541	961	9.603	7.447	71.513.541	7.447	9.603	71.513.541
462	6.701	8.841	59.243.541	7.729	8.629	66.693.541	962	8.663	8.307	71.963.541	8.307	8.663	71.963.541
463	6.841	8.701	59.523.541	7.829	8.529	66.773.541	963	7.533	9.577	72.143.541	9.577	7.533	72.143.541
464	7.201	8.341	60.063.541	7.929	8.429	66.833.541	964	8.693	8.337	72.473.541	8.337	8.693	72.473.541
465	7.341	8.201	60.203.541	8.029	8.329	66.873.541	965	7.743	9.387	72.683.541	9.387	7.743	72.683.541
466	7.701	7.841	60.383.541	8.129	8.229	66.893.541	966	8.083	9.127	73.773.541	9.127	8.083	73.773.541
467	6.251	9.791	61.203.541	7.459	8.999	67.123.541	967	8.573	8.617	73.873.541	8.617	8.573	73.873.541
468	6.291	9.751	61.343.541	7.499	8.959	67.183.541	968	9.753	7.597	74.093.541	7.597	9.753	74.093.541
469	6.751	9.291	62.723.541	7.959	8.499	67.643.541	969	9.313	7.957	74.103.541	7.957	9.313	74.103.541
470	6.791	9.251	62.823.541	7.999	8.459	67.663.541	970	8.123	9.167	74.463.541	9.167	8.123	74.463.541
471	7.251	8.791	63.743.541	7.089	9.669	68.543.541	971	9.893	7.537	74.563.541	7.537	9.893	74.563.541
472	7.291	8.751	63.803.541	7.169	9.589	68.743.541	972	7.863	9.507	74.753.541	9.507	7.863	74.753.541
473	7.751	8.291	64.263.541	7.589	9.169	69.583.541	973	9.803	7.647	74.963.541	7.647	9.803	74.963.541
474	7.791	8.251	64.283.541	7.669	9.089	69.703.541	974	9.733	7.777	75.693.541	7.777	9.733	75.693.541
475	6.861	9.881	67.793.541	8.089	8.669	70.123.541	975	7.783	9.827	76.483.541	9.827	7.783	76.483.541
476	6.881	9.861	67.853.541	8.169	8.589	70.163.541	976	8.943	8.587	76.793.541	8.587	8.943	76.793.541
477	7.361	9.381	69.053.541	7.319	9.939	72.743.541	977	9.273	8.317	77.123.541	8.317	9.273	77.123.541
478	7.381	9.361	69.093.541	7.439	9.819	73.043.541	978	9.953	7.797	77.603.541	7.797	9.953	77.603.541
479	7.861	8.881	69.813.541	7.819	9.439	73.803.541	979	8.513	9.157	77.953.541	9.157	8.513	77.953.541
480	7.881	8.861	69.833.541	7.939	9.319	73.983.541	980	8.823	8.867	78.233.541	8.867	8.823	78.233.541
481	8.361	8.381	70.073.541	8.319	8.939	74.363.541	981	9.563	8.207	78.483.541	8.207	9.563	78.483.541
482	7.531	9.711	73.133.541	8.439	8.819	74.423.541	982	8.593	9.237	79.373.541	9.237	8.593	79.373.541
483	7.711	9.531	73.493.541	8.149	9.809	79.933.541	983	9.973	8.017	79.953.541	8.017	9.973	79.953.541
484	8.031	9.211	73.973.541	8.309	9.649	80.173.541	984	9.433	8.477	79.963.541	8.477	9.433	79.963.541
485	8.211	9.031	74.153.541	8.649	9.309	80.513.541	985	9.983	8.027	80.133.541	8.027	9.983	80.133.541
486	8.531	8.711	74.313.541	8.809	9.149	80.593.541	986	9.523	8.567	81.583.541	8.567	9.523	81.583.541
487	7.641	9.901	75.653.541	8.699	9.759	84.893.541	987	8.763	9.407	82.433.541	9.407	8.763	82.433.541
488	7.901	9.641	76.173.541	8.759	9.699	84.953.541	988	9.793	8.437	82.623.541	8.437	9.793	82.623.541
489	8.141	9.401	76.533.541	9.199	9.259	85.173.541	989	9.133	9.177	83.813.541	9.177	9.133	83.813.541
490	8.401	9.141	76.793.541	8.769	9.989	87.593.541	990	8.843	9.487	83.893.541	9.487	8.843	83.893.541
491	8.641	8.901	76.913.541	8.989	9.769	87.813.541	991	9.683	8.727	84.503.541	8.727	9.683	84.503.541
492	8.091	9.951	80.513.541	9.269	9.489	87.953.541	992	9.413	9.057	85.253.541	9.057	9.413	85.253.541
493	8.451	9.591	81.053.541	8.879	9.979	88.603.541	993	8.833	9.877	87.243.541	9.877	8.833	87.243.541
494	8.591	9.451	81.193.541	8.979	9.879	88.703.541	994	8.873	9.917	87.993.541	9.917	8.873	87.993.541
495	8.951	9.091	81.373.541	9.079	9.779	88.783.541	995	9.383	9.427	88.453.541	9.427	9.383	88.453.541
496	8.761	9.981	87.443.541	9.179	9.679	88.843.541	996	9.663	9.307	89.933.541	9.307	9.663	89.933.541
497	8.981	9.761	87.663.541	9.279	9.579	88.883.541	997	9.693	9.337	90.503.541	9.337	9.693	90.503.541
498	9.261	9.481	87.803.541	9.379	9.479	88.903.541	998	9.573	9.617	92.063.541	9.617	9.573	92.063.541
499	9.611	9.631	92.563.541	9.339	9.919	92.633.541	999	9.943	9.587	95.323.541	9.587	9.943	95.323.541
500	9.601	9.941	95.44**3.541**	9.419	9.839	92.67**3.541**	1.000	9.823	9.867	96.92**3.541**	9.867	9.823	96.92**3.541**

Tab. 7b: Vier Endziffern der *RSA*-129-Faktoren, letzte 40 Varianten der vier Typen

2.3 Listen mit fünf korrekten Endziffern in $f_1 \cdot f_2$

n	$f_1 = \ldots1$	$f_2 = \ldots1$	$f_1 \cdot f_2$	$f_1 = \ldots9$	$f_2 = \ldots9$	$f_1 \cdot f_2$
1	1	43.541	**43.541**	9	15.949	**143.541**
2	41	3.501	143.541	369	389	143.541
3	11	31.231	343.541	239	1.019	243.541
4	21	21.121	443.541	299	4.159	1.243.541
5	31	27.211	843.541	29	46.329	1.343.541
6	141	7.401	1.043.541	19	81.239	1.543.541
7	491	3.551	1.743.541	199	8.259	1.643.541
8	1.181	1.561	1.843.541	39	65.219	2.543.541
9	51	43.991	2.243.541	49	51.909	2.543.541
10	91	27.951	2.543.541	429	5.929	2.543.541
11	121	21.021	2.543.541	539	4.719	2.543.541
12	231	11.011	2.543.541	179	18.679	3.343.541
13	1.001	2.541	2.543.541	1.709	2.249	3.843.541
14	1.331	1.911	2.543.541	119	33.139	3.943.541
15	1.051	2.991	3.143.541	1.069	3.689	3.943.541
16	111	39.131	4.343.541	489	8.269	4.043.541
17	311	14.931	4.643.541	149	27.809	4.143.541
18	711	6.531	4.643.541	1.189	3.569	4.243.541
19	61	82.681	5.043.541	109	39.849	4.343.541
20	71	93.571	6.643.541	359	12.099	4.343.541
21	951	7.091	6.743.541	79	58.779	4.643.541
22	81	90.661	7.343.541	189	24.569	4.643.541
23	241	31.301	7.543.541	1.659	2.799	4.643.541
24	131	59.111	7.743.541	59	80.399	4.743.541
25	691	11.351	7.843.541	649	7.309	4.743.541
26	161	50.581	8.143.541	89	56.669	5.043.541
27	1.531	5.711	8.743.541	929	5.429	5.043.541
28	151	59.891	9.043.541	69	84.689	5.843.541
29	221	40.921	9.043.541	759	7.699	5.843.541
30	271	33.371	9.043.541	769	7.989	6.143.541
31	171	53.471	9.143.541	2.219	3.039	6.743.541
32	1.881	4.861	9.143.541	349	19.609	6.843.541
33	101	99.441	10.043.541	159	44.299	7.043.541
34	261	38.481	10.043.541	1.429	4.929	7.043.541
35	381	26.361	10.043.541	459	15.999	7.343.541
36	1.011	10.231	10.343.541	129	66.229	8.543.541
37	2.361	4.381	10.343.541	309	27.649	8.543.541
38	1.081	9.661	10.443.541	1.929	4.429	8.543.541
39	521	20.621	10.743.541	99	92.359	9.143.541
40	501	23.041	11.543.541	209	43.749	9.143.541

n	$f_1 = \ldots3$	$f_2 = \ldots7$	$f_1 \cdot f_2$	$f_1 = \ldots7$	$f_2 = \ldots3$	$f_1 \cdot f_2$
1	3	47.847	**143.541**	47.847	3	**143.541**
2	123	1.167	143.541	1.167	123	143.541
3	63.363	7	443.541	7	63.363	443.541
4	31.973	17	543.541	17	31.973	543.541
5	17.393	37	643.541	37	17.393	643.541
6	423	2.467	1.043.541	2.467	423	1.043.541
7	22.203	47	1.043.541	47	22.203	1.043.541
8	13	95.657	1.243.541	95.657	13	1.243.541
9	23	54.067	1.243.541	54.067	23	1.243.541
10	15.443	87	1.343.541	87	15.443	1.343.541
11	2.753	597	1.643.541	597	2.753	1.643.541
12	53	32.897	1.743.541	32.897	53	1.743.541
13	26.023	67	1.743.541	67	26.023	1.743.541
14	223	8.267	1.843.541	8.267	223	1.843.541
15	71.983	27	1.943.541	27	71.983	1.943.541
16	33	77.077	2.543.541	77.077	33	2.543.541
17	143	17.787	2.543.541	17.787	143	2.543.541
18	273	9.317	2.543.541	9.317	273	2.543.541
19	363	7.007	2.543.541	7.007	363	2.543.541
20	1.573	1.617	2.543.541	1.617	1.573	2.543.541
21	3.003	847	2.543.541	847	3.003	2.543.541
22	3.993	637	2.543.541	637	3.993	2.543.541
23	17.303	147	2.543.541	147	17.303	2.543.541
24	33.033	77	2.543.541	77	33.033	2.543.541
25	27.253	97	2.643.541	97	27.253	2.643.541
26	3.153	997	3.143.541	997	3.153	3.143.541
27	60.413	57	3.443.541	57	60.413	3.443.541
28	173	22.217	3.843.541	22.217	173	3.843.541
29	7.483	527	3.943.541	527	7.483	3.943.541
30	18.173	217	3.943.541	217	18.173	3.943.541
31	163	24.807	4.043.541	24.807	163	4.043.541
32	43	98.687	4.243.541	98.687	43	4.243.541
33	83	51.127	4.243.541	51.127	83	4.243.541
34	1.763	2.407	4.243.541	2.407	1.763	4.243.541
35	3.403	1.247	4.243.541	1.247	3.403	4.243.541
36	4.033	1.077	4.343.541	1.077	4.033	4.343.541
37	13.283	327	4.343.541	327	13.283	4.343.541
38	42.463	107	4.543.541	107	42.463	4.543.541
39	63	73.707	4.643.541	73.707	63	4.643.541
40	553	8.397	4.643.541	8.397	553	4.643.541

Tab. 8a: Fünf Endziffern der *RSA*-129-Faktoren, erste 40 Varianten der vier Typen

n	$f_1 = …1$	$f_2 = …1$	$f_1 \cdot f_2$	$f_1 = …9$	$f_2 = …9$	$f_1 \cdot f_2$	n	$f_1 = …3$	$f_2 = …7$	$f_1 \cdot f_2$	$f_1 = …7$	$f_2 = …3$	$f_1 \cdot f_2$
4.961	91.711	95.531	8.761.243.541	86.539	98.719	8.543.043.541	9.961	98.193	92.837	9.115.943.541	92.837	98.193	9.115.943.541
4.962	93.031	94.211	8.764.543.541	88.719	96.539	8.564.843.541	9.962	93.073	98.117	9.132.043.541	98.117	93.073	9.132.043.541
4.963	89.641	97.901	8.775.943.541	89.039	96.219	8.567.243.541	9.963	95.083	96.127	9.140.043.541	96.127	95.083	9.140.043.541
4.964	90.401	97.141	8.781.643.541	91.219	94.039	8.578.143.541	9.964	96.753	94.597	9.152.543.541	94.597	96.753	9.152.543.541
4.965	92.141	95.401	8.790.343.541	91.539	93.719	8.578.943.541	9.965	91.733	99.777	9.152.843.541	99.777	91.733	9.152.843.541
4.966	92.901	94.641	8.792.243.541	88.649	99.309	8.803.643.541	9.966	94.863	96.507	9.154.943.541	96.507	94.863	9.154.943.541
4.967	88.951	99.091	8.814.243.541	89.309	98.649	8.810.243.541	9.967	93.443	98.087	9.165.543.541	98.087	93.443	9.165.543.541
4.968	89.091	98.951	8.815.643.541	91.149	96.809	8.824.043.541	9.968	95.513	96.157	9.184.243.541	96.157	95.513	9.184.243.541
4.969	91.451	96.591	8.833.343.541	91.809	96.149	8.827.343.541	9.969	98.093	93.737	9.194.943.541	93.737	98.093	9.194.943.541
4.970	91.591	96.451	8.834.043.541	93.649	94.309	8.831.943.541	9.970	97.003	94.847	9.200.443.541	94.847	97.003	9.200.443.541
4.971	93.951	94.091	8.839.943.541	90.259	98.199	8.863.343.541	9.971	99.473	92.517	9.202.943.541	92.517	99.473	9.202.943.541
4.972	92.581	98.161	9.087.843.541	90.699	97.759	8.866.643.541	9.972	94.483	97.527	9.214.643.541	97.527	94.483	9.214.643.541
4.973	93.161	97.581	9.090.743.541	92.759	95.699	8.876.943.541	9.973	97.153	94.997	9.229.243.541	94.997	97.153	9.229.243.541
4.974	95.081	95.661	9.095.543.541	93.199	95.259	8.878.043.541	9.974	98.633	93.677	9.239.643.541	93.677	98.633	9.239.643.541
4.975	91.731	99.511	9.128.243.541	88.989	99.769	8.878.343.541	9.975	93.343	98.987	9.239.743.541	98.987	93.343	9.239.743.541
4.976	92.011	99.231	9.130.343.541	89.769	98.989	8.886.143.541	9.976	96.413	96.057	9.261.143.541	96.057	96.413	9.261.143.541
4.977	94.231	97.011	9.141.443.541	91.489	97.269	8.899.043.541	9.977	97.223	95.267	9.262.143.541	95.267	97.223	9.262.143.541
4.978	94.511	96.731	9.142.143.541	92.269	96.489	8.902.943.541	9.978	92.993	99.637	9.265.543.541	99.637	92.993	9.265.543.541
4.979	91.741	99.801	9.155.843.541	93.989	94.769	8.907.243.541	9.979	97.403	95.247	9.277.343.541	95.247	97.403	9.277.343.541
4.980	92.301	99.241	9.160.043.541	90.339	98.919	8.936.243.541	9.980	98.623	94.667	9.336.343.541	94.667	98.623	9.336.343.541
4.981	94.241	97.301	9.169.743.541	91.419	97.839	8.944.343.541	9.981	95.393	98.037	9.352.043.541	98.037	95.393	9.352.043.541
4.982	94.801	96.741	9.171.143.541	92.839	96.419	8.951.443.541	9.982	97.273	96.317	9.369.043.541	96.317	97.273	9.369.043.541
4.983	92.691	99.351	9.208.943.541	93.919	95.339	8.954.143.541	9.983	95.453	98.297	9.382.743.541	98.297	95.453	9.382.743.541
4.984	94.351	97.691	9.217.243.541	92.909	99.049	9.202.543.541	9.984	97.563	96.207	9.386.243.541	96.207	97.563	9.386.243.541
4.985	95.191	96.851	9.219.343.541	94.049	97.909	9.208.243.541	9.985	97.433	96.477	9.400.043.541	96.477	97.433	9.400.043.541
4.986	94.071	99.571	9.366.743.541	95.409	96.549	9.211.643.541	9.986	95.023	99.067	9.413.643.541	99.067	95.023	9.413.643.541
4.987	94.571	99.071	9.369.243.541	92.599	99.859	9.246.843.541	9.987	95.713	98.357	9.414.043.541	98.357	95.713	9.414.043.541
4.988	95.071	98.571	9.371.243.541	94.859	97.599	9.258.143.541	9.988	95.703	98.547	9.431.243.541	98.547	95.703	9.431.243.541
4.989	95.571	98.071	9.372.743.541	95.099	97.359	9.258.743.541	9.989	98.923	95.967	9.493.343.541	95.967	98.923	9.493.343.541
4.990	96.071	97.571	9.373.743.541	93.469	99.289	9.280.443.541	9.990	97.693	97.337	9.509.143.541	97.337	97.693	9.509.143.541
4.991	96.571	97.071	9.374.243.541	94.289	98.469	9.284.543.541	9.991	98.753	96.597	9.539.243.541	96.597	98.753	9.539.243.541
4.992	95.281	99.461	9.476.743.541	95.969	96.789	9.288.743.541	9.992	99.363	96.007	9.539.543.541	96.007	99.363	9.539.543.541
4.993	96.961	97.781	9.480.943.541	95.139	98.119	9.334.943.541	9.993	97.823	97.867	9.573.643.541	97.867	97.823	9.573.643.541
4.994	96.311	98.931	9.528.143.541	95.619	97.639	9.336.143.541	9.994	97.593	98.237	9.587.243.541	98.237	97.593	9.587.243.541
4.995	96.431	98.811	9.528.443.541	96.449	99.509	9.597.543.541	9.995	99.003	96.847	9.588.143.541	96.847	99.003	9.588.143.541
4.996	95.841	99.701	9.555.443.541	97.009	98.949	9.598.943.541	9.996	99.153	96.997	9.617.543.541	96.997	99.153	9.617.543.541
4.997	97.201	98.341	9.558.843.541	96.499	99.959	9.645.943.541	9.997	99.403	97.247	9.666.643.541	97.247	99.403	9.666.643.541
4.998	97.751	98.291	9.608.043.541	97.459	98.999	9.648.343.541	9.998	98.383	98.427	9.683.543.541	98.427	98.383	9.683.543.541
4.999	98.981	99.761	9.874.443.541	98.089	98.669	9.678.343.541	9.999	97.533	99.577	9.712.043.541	99.577	97.533	9.712.043.541
5.000	99.611	99.631	9.924.3**43.541**	98.439	98.819	9.727.6**43.541**	10.000	98.833	99.877	9.871.1**43.541**	99.877	98.833	9.871.1**43.541**

Tab. 8b: Fünf Endziffern der *RSA*-129-Faktoren, letzte 40 Varianten der vier Typen

2.4 Listen mit sechs korrekten Endziffern in $f_1 \cdot f_2$

n	$f_1 = \ldots1$	$f_2 = \ldots1$	$f_1 \cdot f_2$	$f_1 = \ldots9$	$f_2 = \ldots9$	$f_1 \cdot f_2$	n	$f_1 = \ldots3$	$f_2 = \ldots7$	$f_1 \cdot f_2$	$f_1 = \ldots7$	$f_2 = \ldots3$	$f_1 \cdot f_2$
1	1	543.541	**543.541**	19	81.239	1.**543.541**	1	31.973	17	**543.541**	17	31.973	**543.541**
2	11	231.231	2.543.541	39	65.219	2.543.541	2	3	847.847	2.543.541	847.847	3	2.543.541
3	21	121.121	2.543.541	49	51.909	2.543.541	3	13	195.657	2.543.541	195.657	13	2.543.541
4	91	27.951	2.543.541	429	5.929	2.543.541	4	33	77.077	2.543.541	77.077	33	2.543.541
5	121	21.021	2.543.541	539	4.719	2.543.541	5	143	17.787	2.543.541	17.787	143	2.543.541
6	231	11.011	2.543.541	9	615.949	5.543.541	6	273	9.317	2.543.541	9.317	273	2.543.541
7	1.001	2.541	2.543.541	129	66.229	8.543.541	7	363	7.007	2.543.541	7.007	363	2.543.541
8	1.331	1.911	2.543.541	309	27.649	8.543.541	8	1.573	1.617	2.543.541	1.617	1.573	2.543.541
9	241	31.301	7.543.541	1.929	4.429	8.543.541	9	3.003	847	2.543.541	847	3.003	2.543.541
10	501	23.041	11.543.541	2.429	3.929	9.543.541	10	3.993	637	2.543.541	637	3.993	2.543.541
11	41	403.501	16.543.541	79	158.779	12.543.541	11	17.303	147	2.543.541	147	17.303	2.543.541
12	51	343.991	17.543.541	2.699	5.759	15.543.541	12	33.033	77	2.543.541	77	33.033	2.543.541
13	191	91.851	17.543.541	59	280.399	16.543.541	13	363.363	7	2.543.541	7	363.363	2.543.541
14	1.801	9.741	17.543.541	2.419	6.839	16.543.541	14	23	154.067	3.543.541	154.067	23	3.543.541
15	2.161	8.581	18.543.541	1.059	19.399	20.543.541	15	42.463	107	4.543.541	107	42.463	4.543.541
16	1.021	20.121	20.543.541	199	108.259	21.543.541	16	113	66.757	7.543.541	66.757	113	7.543.541
17	31	727.211	22.543.541	189	124.569	23.543.541	17	27.233	277	7.543.541	277	27.233	7.543.541
18	81	290.661	23.543.541	29	846.329	24.543.541	18	43	198.687	8.543.541	198.687	43	8.543.541
19	1.701	13.841	23.543.541	319	76.939	24.543.541	19	103	82.947	8.543.541	82.947	103	8.543.541
20	111	239.131	26.543.541	69	384.689	26.543.541	20	643	13.287	8.543.541	13.287	643	8.543.541
21	281	94.461	26.543.541	1.369	19.389	26.543.541	21	27.503	347	9.543.541	347	27.503	9.543.541
22	851	31.191	26.543.541	479	78.379	37.543.541	22	69.123	167	11.543.541	167	69.123	11.543.541
23	871	32.771	28.543.541	89	556.669	49.543.541	23	83	151.127	12.543.541	151.127	83	12.543.541
24	3.851	8.191	31.543.541	119	433.139	51.543.541	24	1.913	6.557	12.543.541	6.557	1.913	12.543.541
25	1.361	25.381	34.543.541	1.439	35.819	51.543.541	25	443	35.087	15.543.541	35.087	443	15.543.541
26	61	582.681	35.543.541	899	59.559	53.543.541	26	413	40.057	16.543.541	40.057	413	16.543.541
27	671	52.971	35.543.541	5.949	10.009	59.543.541	27	16.933	977	16.543.541	977	16.933	16.543.541
28	2.621	18.521	48.543.541	99	692.359	68.543.541	28	57.643	287	16.543.541	287	57.643	16.543.541
29	301	171.241	51.543.541	139	493.119	68.543.541	29	573	30.617	17.543.541	30.617	573	17.543.541
30	731	70.511	51.543.541	879	77.979	68.543.541	30	5.403	3.247	17.543.541	3.247	5.403	17.543.541
31	751	75.291	56.543.541	1.529	44.829	68.543.541	31	2.333	8.377	19.543.541	8.377	2.333	19.543.541
32	451	127.591	57.543.541	7.089	9.669	68.543.541	32	353	58.197	20.543.541	58.197	353	20.543.541
33	661	90.081	59.543.541	169	476.589	80.543.541	33	3.063	6.707	20.543.541	6.707	3.063	20.543.541
34	101	599.441	60.543.541	159	544.299	86.543.541	34	360.413	57	20.543.541	57	360.413	20.543.541
35	331	182.911	60.543.541	3.339	25.919	86.543.541	35	73	295.117	21.543.541	295.117	73	21.543.541
36	1.811	33.431	60.543.541	719	124.539	89.543.541	36	1.483	14.527	21.543.541	14.527	1.483	21.543.541
37	2.531	24.711	62.543.541	109	839.849	91.543.541	37	63	373.707	23.543.541	373.707	63	23.543.541
38	541	123.001	66.543.541	149	627.809	93.543.541	38	243	96.887	23.543.541	96.887	243	23.543.541
39	561	122.181	68.543.541	6.899	13.559	93.543.541	39	41.523	567	23.543.541	567	41.523	23.543.541
40	1.251	54.791	68.543.541	3.139	30.119	94.543.541	40	871.983	27	23.543.541	27	871.983	23.543.541

Tab. 9a: Sechs Endziffern der *RSA*-129-Faktoren, erste 40 Varianten der vier Typen

n	$f_1 = ...1$	$f_2 = ...1$	$f_1 \cdot f_2$	$f_1 = ...9$	$f_2 = ...9$	$f_1 \cdot f_2$	n	$f_1 = ...3$	$f_2 = ...7$	$f_1 \cdot f_2$	$f_1 = ...7$	$f_2 = ...3$	$f_1 \cdot f_2$
49.961	966.761	991.981	959.008.543.541	971.629	994.729	966.507.543.541	99.961	983.353	991.197	974.696.543.541	991.197	983.353	974.696.543.541
49.962	979.261	979.481	959.167.543.541	974.729	991.629	966.569.543.541	99.962	979.333	995.377	974.805.543.541	995.377	979.333	974.805.543.541
49.963	967.631	991.611	959.513.543.541	977.229	989.129	966.605.543.541	99.963	990.543	984.187	974.879.543.541	984.187	990.543	974.879.543.541
49.964	963.441	996.101	959.684.543.541	979.129	987.229	966.624.543.541	99.964	976.863	998.507	975.404.543.541	998.507	976.863	975.404.543.541
49.965	975.941	983.601	959.936.543.541	981.629	984.729	966.638.543.541	99.965	978.733	996.777	975.578.543.541	996.777	978.733	975.578.543.541
49.966	969.891	990.151	960.338.543.541	968.809	999.149	967.984.543.541	99.966	995.343	980.987	976.418.543.541	980.987	995.343	976.418.543.541
49.967	977.651	982.391	960.435.543.541	981.309	986.649	968.207.543.541	99.967	985.373	991.417	976.915.543.541	991.417	985.373	976.915.543.541
49.968	964.181	998.561	962.793.543.541	968.699	999.759	968.465.543.541	99.968	997.303	980.147	977.503.543.541	980.147	997.303	977.503.543.541
49.969	971.411	991.831	963.475.543.541	981.199	987.259	968.697.543.541	99.969	994.273	983.317	977.685.543.541	983.317	994.273	977.685.543.541
49.970	979.331	983.911	963.574.543.541	977.489	991.269	968.954.543.541	99.970	984.433	993.477	978.011.543.541	993.477	984.433	978.011.543.541
49.971	974.041	989.501	963.814.543.541	978.769	989.989	968.970.543.541	99.971	987.193	991.837	979.134.543.541	991.837	987.193	979.134.543.541
49.972	977.001	986.541	963.851.543.541	976.339	992.919	969.425.543.541	99.972	982.323	997.367	979.736.543.541	997.367	982.323	979.736.543.541
49.973	974.491	989.551	964.308.543.541	980.419	988.839	969.476.543.541	99.973	982.343	997.987	980.365.543.541	997.987	982.343	980.365.543.541
49.974	977.051	986.991	964.340.543.541	972.049	999.909	971.960.543.541	99.974	995.413	985.057	980.538.543.541	985.057	995.413	980.538.543.541
49.975	969.881	996.861	966.836.543.541	984.549	987.409	972.152.543.541	99.975	981.993	998.637	980.654.543.541	998.637	981.993	980.654.543.541
49.976	982.381	984.361	967.017.543.541	978.099	994.359	972.581.543.541	99.976	984.063	997.707	981.806.543.541	997.707	984.063	981.806.543.541
49.977	975.211	992.031	967.439.543.541	981.859	990.599	972.628.543.541	99.977	982.213	999.857	982.072.543.541	999.857	982.213	982.072.543.541
49.978	979.531	987.711	967.493.543.541	975.289	997.469	972.820.543.541	99.978	999.023	983.067	982.106.543.541	983.067	999.023	982.106.543.541
49.979	976.641	990.901	967.754.543.541	984.969	987.789	972.941.543.541	99.979	999.853	982.697	982.552.543.541	982.697	999.853	982.552.543.541
49.980	978.401	989.141	967.776.543.541	974.619	998.639	973.292.543.541	99.980	993.113	989.757	982.940.543.541	989.757	993.113	982.940.543.541
49.981	973.591	994.451	968.188.543.541	986.139	987.119	973.436.543.541	99.981	998.363	985.007	983.394.543.541	985.007	998.363	983.394.543.541
49.982	974.081	996.661	970.828.543.541	976.959	999.499	976.469.543.541	99.982	985.473	998.517	984.011.543.541	998.517	985.473	984.011.543.541
49.983	984.161	986.581	970.954.543.541	987.669	989.089	976.892.543.541	99.983	991.763	992.407	984.232.543.541	992.407	991.763	984.232.543.541
49.984	975.511	995.731	971.346.543.541	981.939	995.319	977.342.543.541	99.984	992.133	992.177	984.371.543.541	992.177	992.133	984.371.543.541
49.985	980.301	991.241	971.714.543.541	982.819	994.439	977.353.543.541	99.985	994.883	989.927	984.861.543.541	989.927	994.883	984.861.543.541
49.986	972.351	999.691	972.050.543.541	978.979	999.879	978.860.543.541	99.986	996.393	989.037	985.469.543.541	989.037	996.393	985.469.543.541
49.987	980.431	994.811	975.343.543.541	979.879	998.979	978.878.543.541	99.987	988.803	996.647	985.487.543.541	996.647	988.803	985.487.543.541
49.988	987.701	987.841	975.691.543.541	981.479	997.379	978.906.543.541	99.988	990.933	994.977	985.955.543.541	994.977	990.933	985.955.543.541
49.989	980.611	998.631	979.268.543.541	987.379	991.479	978.965.543.541	99.989	986.713	999.357	986.078.543.541	999.357	986.713	986.078.543.541
49.990	986.131	993.111	979.337.543.541	988.979	989.879	978.969.543.541	99.990	989.603	997.447	987.076.543.541	997.447	989.603	987.076.543.541
49.991	980.601	998.941	979.562.543.541	988.609	991.349	980.056.543.541	99.991	991.623	997.667	989.309.543.541	997.667	991.623	989.309.543.541
49.992	986.441	993.101	979.635.543.541	989.369	991.389	980.849.543.541	99.992	995.893	993.537	989.456.543.541	993.537	995.893	989.456.543.541
49.993	990.331	992.911	983.310.543.541	986.239	995.019	981.326.543.541	99.993	993.293	996.937	990.250.543.541	996.937	993.293	990.250.543.541
49.994	989.991	994.051	984.101.543.541	986.159	998.299	984.481.543.541	99.994	990.683	999.727	990.412.543.541	999.727	990.683	990.412.543.541
49.995	993.161	997.581	990.758.543.541	991.809	996.149	987.989.543.541	99.995	996.753	994.597	991.367.543.541	994.597	996.753	991.367.543.541
49.996	994.241	997.301	991.557.543.541	990.259	998.199	988.475.543.541	99.996	993.443	998.087	991.542.543.541	998.087	993.443	991.542.543.541
49.997	994.071	999.571	993.644.543.541	988.989	999.769	988.760.543.541	99.997	992.993	999.637	992.632.543.541	999.637	992.993	992.632.543.541
49.998	995.571	998.071	993.650.543.541	991.419	997.839	989.276.543.541	99.998	999.363	996.007	995.372.543.541	996.007	999.363	995.372.543.541
49.999	996.071	997.571	993.651.543.541	997.459	998.999	996.460.543.541	99.999	999.153	996.997	996.152.543.541	996.997	999.153	996.152.543.541
50.000	995.281	999.461	994.744.**543.541**	998.089	998.669	996.760.**543.541**	100.000	998.383	998.427	996.812.**543.541**	998.427	998.383	996.812.**543.541**

Tab. 9b: Sechs Endziffern der *RSA*-129-Faktoren, letzte 40 Varianten der vier Typen

2.5 Listen mit sieben korrekten Endziffern in $f_1 \cdot f_2$

n	$f_1 = \ldots 1$	$f_2 = \ldots 1$	EZ $= f_1 \cdot f_2$	$f_1 = \ldots 9$	$f_2 = \ldots 9$	EZ $= f_1 \cdot f_2$
1	1	9.543.541	**9.543.541**	2.429	3.929	**9.543.541**
2	661	90.081	59.543.541	19	2.081.239	39.543.541
3	11	7.231.231	79.543.541	89	556.669	49.543.541
4	51	2.343.991	119.543.541	9	6.615.949	59.543.541
5	221	540.921	119.543.541	5.949	10.009	59.543.541
6	41	3.403.501	139.543.541	719	124.539	89.543.541
7	21	7.121.121	149.543.541	39	3.065.219	119.543.541
8	251	595.791	149.543.541	49	3.051.909	149.543.541
9	441	339.101	149.543.541	579	258.279	149.543.541
10	1.351	110.691	149.543.541	1.029	145.329	149.543.541
11	5.271	28.371	149.543.541	2.259	66.199	149.543.541
12	771	232.871	179.543.541	12.159	12.299	149.543.541
13	641	326.901	209.543.541	29	5.846.329	169.543.541
14	31	7.727.211	239.543.541	279	858.579	239.543.541
15	411	582.831	239.543.541	2.089	114.669	239.543.541
16	12.741	18.801	239.543.541	3.699	64.759	239.543.541
17	13.351	18.691	249.543.541	79	3.158.779	249.543.541
18	61	4.582.681	279.543.541	169	1.476.589	249.543.541
19	1.301	230.241	299.543.541	119	2.433.139	289.543.541
20	14.311	20.931	299.543.541	109	2.839.849	309.543.541
21	211	1.467.031	309.543.541	13.459	22.999	309.543.541
22	2.411	140.831	339.543.541	1.149	286.809	329.543.541
23	111	3.239.131	359.543.541	259	1.388.199	359.543.541
24	191	2.091.851	399.543.541	199	2.108.259	419.543.541
25	171	2.453.471	419.543.541	12.329	34.029	419.543.541
26	1.791	234.251	419.543.541	59	7.280.399	429.543.541
27	3.781	110.961	419.543.541	4.119	109.139	449.543.541
28	971	452.671	439.543.541	8.249	55.709	459.543.541
29	1.241	370.301	459.543.541	12.769	35.989	459.543.541
30	1.921	239.221	459.543.541	929	505.429	469.543.541
31	241	2.031.301	489.543.541	6.949	69.009	479.543.541
32	81	6.290.661	509.543.541	69	7.384.689	509.543.541
33	351	1.451.691	509.543.541	299	1.704.159	509.543.541
34	621	820.521	509.543.541	3.159	161.299	509.543.541
35	2.691	189.351	509.543.541	5.589	91.169	509.543.541
36	321	1.680.821	539.543.541	21.039	24.219	509.543.541
37	1.271	432.371	549.543.541	10.129	56.229	569.543.541
38	4.341	131.201	569.543.541	439	1.456.819	639.543.541
39	12.651	47.391	599.543.541	16.009	39.949	639.543.541
40	561	1.122.181	629.543.541	149	4.627.809	689.543.541
...	...	...	...	...	...	...
499.981	9.943.191	9.968.851	99.122.189.543.541	9.909.289	9.983.469	98.929.079.543.541
499.982	9.952.101	9.967.441	99.196.979.543.541	9.920.969	9.971.789	98.929.809.543.541
499.983	9.932.021	9.989.121	99.212.159.543.541	9.944.959	9.951.499	98.967.249.543.541
499.984	9.930.991	9.993.051	99.240.899.543.541	9.915.589	9.981.169	98.969.169.543.541
499.985	9.953.141	9.974.401	99.276.619.543.541	9.940.239	9.961.019	99.014.909.543.541
499.986	9.933.801	9.997.741	99.315.569.543.541	9.928.269	9.980.489	99.088.979.543.541
499.987	9.935.241	9.996.301	99.315.659.543.541	9.909.919	9.999.339	99.092.639.543.541
499.988	9.943.771	9.989.871	99.336.989.543.541	9.942.169	9.974.589	99.169.049.543.541
499.989	9.956.271	9.977.371	99.337.409.543.541	9.947.159	9.977.299	99.245.779.543.541
499.990	9.944.291	9.991.751	99.360.879.543.541	9.947.689	9.977.069	99.248.779.543.541
499.991	9.958.481	9.980.261	99.388.239.543.541	9.955.149	9.972.809	99.280.799.543.541
499.992	9.965.421	9.975.721	99.412.259.543.541	9.947.199	9.981.259	99.285.569.543.541
499.993	9.960.051	9.983.991	99.441.059.543.541	9.965.469	9.967.289	99.328.709.543.541
499.994	9.964.011	9.987.231	99.512.879.543.541	9.960.509	9.975.449	99.360.549.543.541
499.995	9.965.971	9.987.671	99.536.839.543.541	9.952.609	9.987.349	99.400.179.543.541
499.996	9.975.781	9.978.961	99.547.929.543.541	9.970.269	9.978.489	99.488.219.543.541
499.997	9.977.001	9.986.541	99.635.729.543.541	9.979.069	9.985.689	99.647.879.543.541
499.998	9.987.701	9.987.841	99.755.569.543.541	9.971.629	9.994.729	99.663.729.543.541
499.999	9.989.991	9.994.051	99.840.479.543.541	9.981.309	9.986.649	99.679.829.543.541
500.000	9.996.071	9.997.571	99.936.42**9.543.541**	9.981.199	9.987.259	99.684.81**9.543.541**

Tab. 10a: 7 Endziffern der *RSA*-129-Faktoren, erste 40 und letzte 20 Varianten, Typen (a), (d)

n	$f_1 = ...3$	$f_2 = ...7$	EZ $= f_1 \cdot f_2$	$f_1 = ...7$	$f_2 = ...3$	EZ $= f_1 \cdot f_2$
1	27.503	347	**9.543.541**	347	27.503	**9.543.541**
2	1.363.363	7	**9.543.541**	7	1.363.363	**9.543.541**
3	2.333	8.377	19.543.541	8.377	2.333	19.543.541
4	3	9.847.847	29.543.541	9.847.847	3	29.543.541
5	10.963	3.607	39.543.541	3.607	10.963	39.543.541
6	68.533	577	39.543.541	577	68.533	39.543.541
7	23	2.154.067	49.543.541	2.154.067	23	49.543.541
8	24.203	2.047	49.543.541	2.047	24.203	49.543.541
9	1.983	30.027	59.543.541	30.027	1.983	59.543.541
10	1.933	35.977	69.543.541	35.977	1.933	69.543.541
11	1.033.033	77	79.543.541	77	1.033.033	79.543.541
12	41.513	2.157	89.543.541	2.157	41.513	89.543.541
13	13	9.195.657	119.543.541	9.195.657	13	119.543.541
14	663	180.307	119.543.541	180.307	663	119.543.541
15	7.031.973	17	119.543.541	17	7.031.973	119.543.541
16	53	2.632.897	139.543.541	2.632.897	53	139.543.541
17	2.173	64.217	139.543.541	64.217	2.173	139.543.541
18	63	2.373.707	149.543.541	2.373.707	63	149.543.541
19	193	774.837	149.543.541	774.837	193	149.543.541
20	343	435.987	149.543.541	435.987	343	149.543.541
21	753	198.597	149.543.541	198.597	753	149.543.541
22	4.053	36.897	149.543.541	36.897	4.053	149.543.541
23	15.813	9.457	149.543.541	9.457	15.813	149.543.541
24	48.443	3.087	149.543.541	3.087	48.443	149.543.541
25	85.113	1.757	149.543.541	1.757	85.113	149.543.541
26	86.093	1.737	149.543.541	1.737	86.093	149.543.541
27	1.017.303	147	149.543.541	147	1.017.303	149.543.541
28	173	922.217	159.543.541	922.217	173	159.543.541
29	698.613	257	179.543.541	257	698.613	179.543.541
30	8.543	22.187	189.543.541	22.187	8.543	189.543.541
31	93.973	2.017	189.543.541	2.017	93.973	189.543.541
32	36.433	5.477	199.543.541	5.477	36.433	199.543.541
33	1.923	108.967	209.543.541	108.967	1.923	209.543.541
34	1.273	180.317	229.543.541	180.317	1.273	229.543.541
35	3.426.023	67	229.543.541	67	3.426.023	229.543.541
36	93	2.575.737	239.543.541	2.575.737	93	239.543.541
37	1.233	194.277	239.543.541	194.277	1.233	239.543.541
38	38.223	6.267	239.543.541	6.267	38.223	239.543.541
39	56.403	4.247	239.543.541	4.247	56.403	239.543.541
40	286.193	837	239.543.541	837	286.193	239.543.541
...	...	...	...	...	...	...
999.981	9.984.203	9.962.047	99.463.099.543.541	9.962.047	9.984.203	99.463.099.543.541
999.982	9.986.183	9.960.227	99.464.649.543.541	9.960.227	9.986.183	99.464.649.543.541
999.983	9.996.913	9.951.557	99.484.849.543.541	9.951.557	9.996.913	99.484.849.543.541
999.984	9.993.023	9.957.067	99.501.199.543.541	9.957.067	9.993.023	99.501.199.543.541
999.985	9.969.613	9.981.257	99.509.269.543.541	9.981.257	9.969.613	99.509.269.543.541
999.986	9.963.013	9.988.657	99.517.119.543.541	9.988.657	9.963.013	99.517.119.543.541
999.987	9.993.733	9.961.777	99.555.339.543.541	9.961.777	9.993.733	99.555.339.543.541
999.988	9.979.153	9.976.997	99.561.979.543.541	9.976.997	9.979.153	99.561.979.543.541
999.989	9.997.843	9.958.487	99.563.389.543.541	9.958.487	9.997.843	99.563.389.543.541
999.990	9.965.883	9.990.927	99.568.409.543.541	9.990.927	9.965.883	99.568.409.543.541
999.991	9.994.523	9.963.567	99.581.099.543.541	9.963.567	9.994.523	99.581.099.543.541
999.992	9.963.103	9.995.947	99.590.649.543.541	9.995.947	9.963.103	99.590.649.543.541
999.993	9.964.023	9.998.067	99.620.969.543.541	9.998.067	9.964.023	99.620.969.543.541
999.994	9.969.973	9.998.017	99.679.959.543.541	9.998.017	9.969.973	99.679.959.543.541
999.995	9.977.813	9.991.457	99.692.889.543.541	9.991.457	9.977.813	99.692.889.543.541
999.996	9.999.653	9.972.497	99.721.509.543.541	9.972.497	9.999.653	99.721.509.543.541
999.997	9.997.953	9.975.797	99.737.549.543.541	9.975.797	9.997.953	99.737.549.543.541
999.998	9.990.543	9.984.187	99.747.449.543.541	9.984.187	9.990.543	99.747.449.543.541
999.999	9.996.393	9.989.037	99.854.339.543.541	9.989.037	9.996.393	99.854.339.543.541
1.000.000	9.991.623	9.997.667	99.892.91**9.543.541**	9.997.667	9.991.623	99.892.91**9.543.541**

Tab. 10b: 7 Endziffern der *RSA*-129-Faktoren, erste 40 und letzte 20 Varianten, Typen (b), (c)

2.6 Listen mit acht korrekten Endziffern in $f_1 \cdot f_2$

n	$f_1 = ...1$	$f_2 = ...1$	$f_1 \cdot f_2$	$f_1 = ...9$	$f_2 = ...9$	$f_1 \cdot f_2$
1	1	79.543.541	**79.543.541**	6.949	69.009	**479.543.541**
2	11	7.231.231	**79.543.541**	9	86.615.949	779.543.541
3	771	232.871	179.543.541	189	4.124.569	779.543.541
4	61	4.582.681	279.543.541	1.059	1.019.399	1.079.543.541
5	1.511	449.731	679.543.541	19	62.081.239	1.179.543.541
6	21	37.121.121	779.543.541	209	5.643.749	1.179.543.541
7	811	1.454.431	1.179.543.541	6.959	169.499	1.179.543.541
8	8.921	132.221	1.179.543.541	15.409	76.549	1.179.543.541
9	821	1.680.321	1.379.543.541	119	12.433.139	1.479.543.541
10	31	47.727.211	1.479.543.541	3.689	401.069	1.479.543.541
11	41	43.403.501	1.779.543.541	39	43.065.219	1.679.543.541
12	401	4.687.141	1.879.543.541	2.179	816.679	1.779.543.541
13	101	19.599.441	1.979.543.541	19.919	89.339	1.779.543.541
14	2.161	1.008.581	2.179.543.541	239	8.701.019	2.079.543.541
15	2.311	1.072.931	2.479.543.541	149	14.627.809	2.179.543.541
16	111	23.239.131	2.579.543.541	6.769	321.989	2.179.543.541
17	851	3.031.191	2.579.543.541	379	6.278.479	2.379.543.541
18	9.511	281.731	2.679.543.541	69	37.384.689	2.579.543.541
19	1.321	2.179.821	2.879.543.541	7.659	336.799	2.579.543.541
20	27.741	103.801	2.879.543.541	29	95.846.329	2.779.543.541
21	1.781	1.672.961	2.979.543.541	59	57.280.399	3.379.543.541
22	51	62.343.991	3.179.543.541	649	5.207.309	3.379.543.541
23	19.991	164.051	3.279.543.541	9.369	371.389	3.479.543.541
24	1.041	3.342.501	3.479.543.541	49	73.051.909	3.579.543.541
25	5.341	670.201	3.579.543.541	109	32.839.849	3.579.543.541
26	22.981	155.761	3.579.543.541	469	7.632.289	3.579.543.541
27	51.121	70.021	3.579.543.541	1.429	2.504.929	3.579.543.541
28	281	13.094.461	3.679.543.541	249	16.383.709	4.079.543.541
29	91	47.027.951	4.279.543.541	18.329	228.029	4.179.543.541
30	121	37.021.021	4.479.543.541	159	27.544.299	4.379.543.541
31	26.561	176.181	4.679.543.541	3.259	1.405.199	4.579.543.541
32	391	12.479.651	4.879.543.541	45.329	101.029	4.579.543.541
33	791	6.295.251	4.979.543.541	179	27.818.679	4.979.543.541
34	1.851	2.690.191	4.979.543.541	339	14.688.919	4.979.543.541
35	3.401	1.464.141	4.979.543.541	399	12.480.059	4.979.543.541
36	6.441	773.101	4.979.543.541	3.759	1.324.699	4.979.543.541
37	60.681	82.061	4.979.543.541	4.319	1.152.939	4.979.543.541
38	69.721	71.421	4.979.543.541	15.029	331.329	4.979.543.541
39	30.841	164.701	5.079.543.541	35.169	141.589	4.979.543.541
40	71	79.993.571	5.679.543.541	429	13.005.929	5.579.543.541
...	...	...	...	...	...	...
4.999.981	99.753.651	99.966.391	9.972.012.479.543.540	99.718.269	99.990.489	9.970.878.479.543.540
4.999.982	99.833.001	99.890.541	9.972.372.479.543.540	99.764.469	99.948.289	9.971.287.979.543.540
4.999.983	99.818.271	99.915.371	9.973.379.579.543.540	99.819.819	99.897.439	9.971.744.279.543.540
4.999.984	99.803.701	99.931.841	9.973.567.579.543.540	99.757.689	99.967.069	9.972.483.779.543.540
4.999.985	99.771.971	99.981.671	9.975.368.379.543.540	99.811.399	99.929.059	9.974.059.179.543.540
4.999.986	99.834.471	99.919.171	9.975.377.579.543.540	99.849.889	99.910.869	9.976.089.179.543.540
4.999.987	99.806.931	99.948.311	9.975.534.179.543.540	99.862.719	99.902.539	9.976.539.179.543.540
4.999.988	99.807.341	99.948.201	9.975.564.179.543.540	99.767.129	99.999.229	9.976.635.979.543.540
4.999.989	99.794.361	99.972.381	9.976.679.879.543.540	99.829.629	99.936.729	9.976.646.579.543.540
4.999.990	99.880.291	99.895.751	9.977.616.679.543.540	99.874.969	99.897.789	9.977.288.579.543.540
4.999.991	99.887.261	99.911.481	9.979.884.179.543.540	99.822.759	99.965.699	9.978.851.879.543.540
4.999.992	99.891.051	99.912.991	9.980.413.679.543.540	99.823.819	99.973.439	9.979.730.479.543.540
4.999.993	99.886.261	99.932.481	9.981.881.879.543.540	99.835.299	99.969.159	9.980.450.879.543.540
4.999.994	99.858.411	99.964.831	9.982.329.179.543.540	99.835.949	99.980.009	9.981.599.079.543.540
4.999.995	99.830.501	99.993.041	9.982.355.379.543.540	99.844.239	99.977.019	9.982.129.379.543.540
4.999.996	99.902.421	99.938.721	9.984.120.179.543.540	99.917.939	99.939.319	9.985.730.779.543.540
4.999.997	99.898.971	99.954.671	9.985.368.779.543.540	99.867.779	99.991.079	9.985.886.979.543.540
4.999.998	99.910.661	99.980.081	9.989.075.979.543.540	99.928.579	99.930.279	9.985.890.779.543.540
4.999.999	99.923.451	99.984.591	9.990.805.379.543.540	99.896.199	99.972.259	9.986.848.679.543.540
5.000.000	99.930.991	99.993.051	9.992.404.6**79.543.540**	99.929.979	99.948.879	9.987.889.3**79.543.540**

Tab. 11a: Acht Endziffern der *RSA*-129-Faktoren, erste 40 und letzte 20 Varianten, Typen (a), (d)

Diese Liste enthält identische Endziffer-Varianten mit getauschten Faktoren $f_1 \Leftrightarrow f_2$

n	$f_1 = \ldots3$	$f_2 = \ldots7$	$f_1 \cdot f_2$	$f_1 = \ldots7$	$f_2 = \ldots3$	$f_1 \cdot f_2$
1	1.033.033	77	**79.543.541**	77	1.033.033	**79.543.541**
2	11.363.363	7	**79.543.541**	7	11.363.363	**79.543.541**
3	3	59.847.847	179.543.541	59.847.847	3	179.543.541
4	698.613	257	179.543.541	257	698.613	179.543.541
5	23	12.154.067	279.543.541	12.154.067	23	279.543.541
6	1.403	199.247	279.543.541	199.247	1.403	279.543.541
7	13	29.195.657	379.543.541	29.195.657	13	379.543.541
8	23.003	20.847	479.543.541	20.847	23.003	479.543.541
9	2.693	252.337	679.543.541	252.337	2.693	679.543.541
10	4.069.123	167	679.543.541	167	4.069.123	679.543.541
11	63	12.373.707	779.543.541	12.373.707	63	779.543.541
12	28.871.983	27	779.543.541	27	28.871.983	779.543.541
13	246.923	3.967	979.543.541	3.967	246.923	979.543.541
14	353	3.058.197	1.079.543.541	3.058.197	353	1.079.543.541
15	23.173	55.217	1.279.543.541	55.217	23.173	1.279.543.541
16	2.463	560.107	1.379.543.541	560.107	2.463	1.379.543.541
17	2.807.483	527	1.479.543.541	527	2.807.483	1.479.543.541
18	6.818.173	217	1.479.543.541	217	6.818.173	1.479.543.541
19	87.031.973	17	1.479.543.541	17	87.031.973	1.479.543.541
20	14.713	107.357	1.579.543.541	107.357	14.713	1.579.543.541
21	14.355.073	117	1.679.543.541	117	14.355.073	1.679.543.541
22	303	6.533.147	1.979.543.541	6.533.147	303	1.979.543.541
23	193	10.774.837	2.079.543.541	10.774.837	193	2.079.543.541
24	45.083	46.127	2.079.543.541	46.127	45.083	2.079.543.541
25	1.043	2.089.687	2.179.543.541	2.089.687	1.043	2.179.543.541
26	144.083	15.127	2.179.543.541	15.127	144.083	2.179.543.541
27	2.253.923	967	2.179.543.541	967	2.253.923	2.179.543.541
28	33	69.077.077	2.279.543.541	69.077.077	33	2.279.543.541
29	333	7.746.377	2.579.543.541	7.746.377	333	2.579.543.541
30	2.553	1.010.397	2.579.543.541	1.010.397	2.553	2.579.543.541
31	12.461.563	207	2.579.543.541	207	12.461.563	2.579.543.541
32	69.717.393	37	2.579.543.541	37	69.717.393	2.579.543.541
33	2.633	1.017.677	2.679.543.541	1.017.677	2.633	2.679.543.541
34	25.042.463	107	2.679.543.541	107	25.042.463	2.679.543.541
35	3.963	726.607	2.879.543.541	726.607	3.963	2.879.543.541
36	311.403	9.247	2.879.543.541	9.247	311.403	2.879.543.541
37	21.748.493	137	2.979.543.541	137	21.748.493	2.979.543.541
38	893	3.448.537	3.079.543.541	3.448.537	893	3.079.543.541
39	65.522.203	47	3.079.543.541	47	65.522.203	3.079.543.541
40	73	46.295.117	3.379.543.541	46.295.117	73	3.379.543.541
...	...	...	...	...	...	...
9.999.981	99.970.623	99.806.667	9.977.734.679.543.540	99.806.667	99.970.623	9.977.734.679.543.540
9.999.982	99.962.703	99.815.547	9.977.831.879.543.540	99.815.547	99.962.703	9.977.831.879.543.540
9.999.983	99.954.263	99.829.907	9.978.424.779.543.540	99.829.907	99.954.263	9.978.424.779.543.540
9.999.984	99.875.073	99.920.117	9.979.528.979.543.540	99.920.117	99.875.073	9.979.528.979.543.540
9.999.985	99.800.753	99.998.597	9.979.935.279.543.540	99.998.597	99.800.753	9.979.935.279.543.540
9.999.986	99.940.253	99.863.097	9.980.343.179.543.540	99.863.097	99.940.253	9.980.343.179.543.540
9.999.987	99.907.593	99.908.237	9.981.591.479.543.540	99.908.237	99.907.593	9.981.591.479.543.540
9.999.988	99.940.333	99.886.377	9.982.677.779.543.540	99.886.377	99.940.333	9.982.677.779.543.540
9.999.989	99.887.333	99.943.377	9.983.077.379.543.540	99.943.377	99.887.333	9.983.077.379.543.540
9.999.990	99.984.873	99.855.917	9.984.081.179.543.540	99.855.917	99.984.873	9.984.081.179.543.540
9.999.991	99.954.913	99.889.557	9.984.451.979.543.540	99.889.557	99.954.913	9.984.451.979.543.540
9.999.992	99.921.033	99.928.077	9.984.916.679.543.540	99.928.077	99.921.033	9.984.916.679.543.540
9.999.993	99.912.033	99.949.077	9.986.115.479.543.540	99.949.077	99.912.033	9.986.115.479.543.540
9.999.994	99.941.273	99.920.317	9.986.163.679.543.540	99.920.317	99.941.273	9.986.163.679.543.540
9.999.995	99.962.613	99.904.257	9.986.690.579.543.540	99.904.257	99.962.613	9.986.690.579.543.540
9.999.996	99.892.643	99.985.287	9.987.794.579.543.540	99.985.287	99.892.643	9.987.794.579.543.540
9.999.997	99.952.623	99.928.667	9.988.132.379.543.540	99.928.667	99.952.623	9.988.132.379.543.540
9.999.998	99.953.873	99.954.917	9.990.881.079.543.540	99.954.917	99.953.873	9.990.881.079.543.540
9.999.999	99.944.783	99.976.827	9.992.162.279.543.540	99.976.827	99.944.783	9.992.162.279.543.540
10.000.000	99.979.153	99.976.997	9.995.615.4**79.543.540**	99.976.997	99.979.153	9.995.615.4**79.543.540**

Tab. 11b: Acht Endziffern der *RSA-129*-Faktoren, erste 40 und letzte 20 Varianten, Typen (b), (c)

3.1 Direkt erstellte vollständige *Excel*-Liste für sieben Endziffern

	A	B	C	D	E	F	G	H	I	J	K	L	M
1	RSA-129-Faktorisierung			4	5	6	7	8	9	10	11	12	
2	Bestimmung der letzten Ziffer von f_1 & f_2 für:					Mit Doppelten				Start:	21:07:23 - 22:22:35		
3	Eingabe:		9.543.541 = EndZiffern			Unsortiert				Ende:	23:07:23 - 09:38:31		
4			10.000.000 = Faktor			$f_1 = ...3 \mid f_1 = ...7$	identisch	$f_1 = ...7 \mid f_1 = ...3$		Dauer:	1 - 11:15:56 Tage		
5	Anzahl =		1.000.000			1.000.000			1.000.000			1.000.000	4.000.000
6	$f_1 = ...1$	$f_2 = ...1$	$EZ = f_1 \cdot f_2$	$f_1 = ...3$	$f_2 = ...7$	$EZ = f_1 \cdot f_2$	$f_1 = ...7$	$f_2 = ...3$	$EZ = f_1 \cdot f_2$	$f_1 = ...9$	$f_2 = ...9$	$EZ = f_1 \cdot f_2$	
7	1	9.543.541	9.543.541	3	9.847.847	29.543.541	7	1.363.363	9.543.541	9	6.615.949	59.543.541	
8	11	7.231.231	79.543.541	13	9.195.657	119.543.541	17	7.031.973	119.543.541	19	2.081.239	39.543.541	
9	21	7.121.121	149.543.541	23	2.154.067	49.543.541	27	8.871.983	239.543.541	29	5.846.329	169.543.541	
10	31	7.727.211	239.543.541	33	9.077.077	299.543.541	37	9.717.393	359.543.541	39	3.065.219	119.543.541	
11	41	3.403.501	139.543.541	43	7.198.687	309.543.541	47	5.522.203	259.543.541	49	3.051.909	149.543.541	
12	51	2.343.991	119.543.541	53	2.632.897	139.543.541	57	7.360.413	419.543.541	59	7.280.399	429.543.541	
13	61	4.582.681	279.543.541	63	2.373.707	149.543.541	67	3.426.023	229.543.541	69	7.384.689	509.543.541	
14	71	9.993.571	709.543.541	73	6.295.117	459.543.541	77	1.033.033	79.543.541	79	3.158.779	249.543.541	
15	81	6.290.661	509.543.541	83	9.151.127	759.543.541	87	8.615.443	749.543.541	89	556.669	49.543.541	
16	91	7.027.951	639.543.541	93	2.575.737	239.543.541	97	7.727.253	749.543.541	99	9.692.359	959.543.541	
17	101	9.599.441	969.543.541	103	7.082.947	729.543.541	107	5.042.463	539.543.541	109	2.839.849	309.543.541	
18	111	3.239.131	359.543.541	113	4.066.757	459.543.541	117	4.355.073	509.543.541	119	2.433.139	289.543.541	
19	121	7.021.021	849.543.541	123	7.801.167	959.543.541	127	8.579.083	1.089.543.541	129	9.066.229	1.169.543.541	
20	131	7.859.111	1.029.543.541	133	7.440.177	989.543.541	137	1.748.493	239.543.541	139	9.493.119	1.319.543.541	
21	141	8.507.401	1.199.543.541	143	9.017.787	1.289.543.541	147	1.017.303	149.543.541	149	4.627.809	689.543.541	
22	151	5.559.891	839.543.541	153	7.447.997	1.139.543.541	157	8.659.513	1.359.543.541	159	7.544.299	1.199.543.541	
23	161	7.450.581	1.199.543.541	163	8.524.807	1.389.543.541	167	4.069.123	679.543.541	169	1.476.589	249.543.541	
24	171	2.453.471	419.543.541	173	922.217	159.543.541	177	5.760.133	1.019.543.541	179	7.818.679	1.399.543.541	
25	181	6.682.561	1.209.543.541	183	8.194.227	1.499.543.541	187	3.366.543	629.543.541	189	4.124.569	779.543.541	
26	191	2.091.851	399.543.541	193	774.837	149.543.541	197	9.642.353	1.899.543.541	199	2.108.259	419.543.541	
27	201	4.475.341	899.543.541	203	7.978.047	1.619.543.541	207	2.461.563	509.543.541	209	5.643.749	1.179.543.541	
28	211	1.467.031	309.543.541	213	9.997.857	2.129.543.541	217	6.818.173	1.479.543.541	219	8.765.039	1.919.543.541	
29	221	540.921	119.543.541	223	9.908.267	2.209.543.541	227	6.826.183	1.549.543.541	229	3.666.129	839.543.541	
30	231	7.011.011	1.619.543.541	233	5.663.277	1.319.543.541	237	7.719.593	1.829.543.541	239	8.701.019	2.079.543.541	
31	241	2.031.301	489.543.541	243	2.096.887	509.543.541	247	7.852.403	1.939.543.541	249	6.383.709	1.589.543.541	
32	251	595.791	149.543.541	253	2.923.097	739.543.541	257	698.613	179.543.541	259	1.388.199	359.543.541	
33	261	9.538.481	2.489.543.541	263	2.735.907	719.543.541	267	6.852.223	1.829.543.541	269	8.548.489	2.299.543.541	
34	271	5.533.371	1.499.543.541	273	9.009.317	2.459.543.541	277	6.027.233	1.669.543.541	279	858.579	239.543.541	

Abb. 1.1: Direkt erstellte vollständige *Excel*-Liste von Varianten mit 7 Endziffern, erste 28 Varianten der vier Typen

RSA-129-Faktorisierung

Bestimmung der letzten Ziffer von f_1 & f_2 für:

Eingabe:	9.543.541 = EndZiffern		**Mit Doppelten**		Start:	21:07:23 - 22:22:35	
	10.000.000 = Faktor		Unsortiert		Ende:	23:07:23 - 09:38:31	
			$f_1 = ...3 \mid f_1 = ...7$ identisch $f_1 = ...7 \mid f_1 = ...3$		Dauer:	1 - 11:15:56 Tage	
Anzahl =	1.000.000		1.000.000	1.000.000		1.000.000	4.000.000

	$f_1 = ...1$	$f_2 = ...1$	$EZ = f_1 \cdot f_2$	$f_1 = ...3$	$f_2 = ...7$	$EZ = f_1 \cdot f_2$	$f_1 = ...7$	$f_2 = ...3$	$EZ = f_1 \cdot f_2$	$f_1 = ...9$	$f_2 = ...9$	$EZ = f_1 \cdot f_2$
	1	9.543.541	**9.543.541**	3	9.847.847	29.543.541	7	1.363.363	**9.543.541**	9	6.615.949	59.543.541
	11	7.231.231	79.543.541	13	9.195.657	119.543.541	17	7.031.973	119.543.541	19	2.081.239	39.543.541
999977	9.999.701	8.295.841	82.955.929.543.541	9.999.703	102.547	1.025.439.543.541	9.999.707	2.766.063	27.659.819.543.541	9.999.709	7.424.249	74.240.329.543.541
999978	9.999.711	2.527.531	25.274.579.543.541	9.999.713	942.357	9.423.299.543.541	9.999.717	5.902.673	59.025.059.543.541	9.999.719	6.905.539	69.053.449.543.541
999979	9.999.721	9.141.421	91.411.659.543.541	9.999.723	3.972.767	39.726.569.543.541	9.999.727	990.683	9.906.559.543.541	9.999.729	4.466.629	44.665.079.543.541
999980	9.999.731	1.451.511	14.514.719.543.541	9.999.733	3.147.777	31.476.929.543.541	9.999.737	7.264.093	72.639.019.543.541	9.999.739	461.519	4.615.069.543.541
999981	9.999.741	8.611.801	86.115.779.543.541	9.999.743	9.301.387	93.011.479.543.541	9.999.747	7.076.903	70.767.239.543.541	9.999.749	9.404.209	94.039.729.543.541
999982	9.999.751	3.616.291	36.162.009.543.541	9.999.753	2.147.597	21.475.439.543.541	9.999.757	7.903.113	79.029.209.543.541	9.999.759	7.968.699	79.685.069.543.541
999983	9.999.761	1.298.981	12.989.499.543.541	9.999.763	2.280.407	22.803.529.543.541	9.999.767	4.336.723	43.366.219.543.541	9.999.769	2.988.989	29.889.199.543.541
999984	9.999.771	6.333.871	63.337.259.543.541	9.999.773	3.173.817	31.737.449.543.541	9.999.777	91.733	917.309.543.541	9.999.779	9.459.079	94.588.699.543.541
999985	9.999.781	1.234.961	12.349.339.543.541	9.999.783	3.181.827	31.817.579.543.541	9.999.787	2.143	21.429.543.541	9.999.789	8.532.969	85.327.889.543.541
999986	9.999.791	4.356.251	43.561.599.543.541	9.999.793	7.538.437	75.382.809.543.541	9.999.797	2.021.953	20.219.119.543.541	9.999.799	5.524.659	55.245.479.543.541
999987	9.999.801	7.891.741	78.915.839.543.541	9.999.803	357.647	3.576.399.543.541	9.999.807	9.225.163	92.249.849.543.541	9.999.809	7.908.149	79.079.979.543.541
999988	9.999.811	5.875.431	58.753.199.543.541	9.999.813	6.633.457	66.333.329.543.541	9.999.817	1.805.773	18.057.399.543.541	9.999.819	3.317.439	33.173.789.543.541
999989	9.999.821	2.181.321	21.812.819.543.541	9.999.823	4.239.867	42.397.919.543.541	9.999.827	9.077.783	90.776.259.543.541	9.999.829	7.546.529	75.463.999.543.541
999990	9.999.831	8.523.411	85.232.669.543.541	9.999.833	5.930.877	59.307.779.543.541	9.999.837	1.475.193	14.751.689.543.541	9.999.839	2.549.419	25.493.779.543.541
999991	9.999.841	2.455.701	24.556.619.543.541	9.999.843	1.340.487	13.404.659.543.541	9.999.847	2.552.003	25.519.639.543.541	9.999.849	4.440.109	44.400.419.543.541
999992	9.999.851	5.372.191	53.721.109.543.541	9.999.853	8.982.697	89.825.649.543.541	9.999.857	982.213	9.821.989.543.541	9.999.859	1.492.599	14.925.779.543.541
999993	9.999.861	506.881	5.068.739.543.541	9.999.863	8.251.507	82.513.939.543.541	9.999.867	2.559.823	25.597.889.543.541	9.999.869	2.140.889	21.408.609.543.541
999994	9.999.871	933.771	9.337.589.543.541	9.999.873	1.420.917	14.208.989.543.541	9.999.877	2.198.833	21.988.059.543.541	9.999.879	2.978.979	29.789.429.543.541
999995	9.999.881	7.566.861	75.667.709.543.541	9.999.883	5.644.927	56.448.609.543.541	9.999.887	5.933.243	59.331.759.543.541	9.999.889	6.760.869	67.607.939.543.541
999996	9.999.891	7.160.151	71.600.729.543.541	9.999.893	4.957.537	49.574.839.543.541	9.999.897	2.917.053	29.170.229.543.541	9.999.899	400.559	4.005.549.543.541
999997	9.999.901	307.641	3.076.379.543.541	9.999.903	2.272.747	22.727.249.543.541	9.999.907	7.424.263	74.241.939.543.541	9.999.909	2.972.049	29.720.219.543.541
999998	9.999.911	9.443.331	94.432.469.543.541	9.999.913	1.384.557	13.845.449.543.541	9.999.917	848.873	8.488.659.543.541	9.999.919	3.709.339	37.093.089.543.541
999999	9.999.921	6.841.221	68.411.669.543.541	9.999.923	8.966.967	89.668.979.543.541	9.999.927	3.704.883	37.048.559.543.541	9.999.929	6.429	64.289.543.541
1000000	9.999.931	2.615.311	26.152.929.543.541	9.999.933	6.573.977	65.739.329.543.541	9.999.937	7.626.293	76.262.449.543.541	9.999.939	5.417.319	54.172.859.543.541
1000001	9.999.941	2.719.601	27.195.849.543.541	9.999.943	2.639.587	26.395.719.543.541	9.999.947	7.367.103	73.670.639.543.541	9.999.949	7.656.009	76.559.699.543.541
1000002	9.999.951	6.948.091	69.480.569.543.541	9.999.953	4.477.797	44.777.759.543.541	9.999.957	2.801.313	28.013.009.543.541	9.999.959	6.596.499	65.964.719.543.541
1000003	9.999.961	6.934.781	69.347.539.543.541	9.999.963	282.607	2.826.059.543.541	9.999.967	922.923	9.229.199.543.541	9.999.969	2.272.789	22.727.819.543.541
1000004	9.999.971	4.153.671	41.536.589.543.541	9.999.973	1.128.017	11.280.139.543.541	9.999.977	7.845.933	78.459.149.543.541	9.999.979	2.878.879	28.788.729.543.541
1000005	9.999.981	7.918.761	79.187.459.543.541	9.999.983	2.968.027	29.680.219.543.541	9.999.987	804.343	8.043.419.543.541	9.999.989	2.768.769	27.687.659.543.541
1000006	9.999.991	3.384.051	33.840.479.543.541	9.999.993	8.636.637	86.366.309.543.541	9.999.997	152.153	1.521.529.543.541	9.999.999	456.459	4.564.589.543.541

Abb. 1.2: Direkt erstellte vollständige *Excel*-Liste von Varianten mit 7 Endziffern, letzte 22 Varianten der vier Typen

Beachte: Eine **Statistik** zu den Varianten der *RSA*-129-Faktor-Kombinationen der verschiedenen Endzifferanzahlen und den Programmlaufzeiten folgt am Ende.

```vba
Const EZL As LongLong = 9999999: Const ZeK As Long = 6

Sub schreibeLösungen()
  Dim EZ As LongLong, EZg As LongLong, _
      EZ1 As Double, EZ2 As Double, EZv As Double, _
      F1 As LongLong, F1A As Long, F1E As Long, _
      F2 As LongLong, F2A As Long, F2E As Long, _
      n As Long, _
      Ze As Long, ZiAnFa As Long
  Debug.Print "'Start:", Now
  On Error GoTo Fehler
  Cells(2, 11) = Now
  EZ = Cells(3, 3): ZiAnFa = Cells(4, 3)
  Debug.Print "'EZ ="; EZ; "  ZiAnFa ="; ZiAnFa
  aktualisieren 0
  n = 0
  EZ1 = 1: EZ2 = 1
  F1A = EZ1: F1E = EZL + EZ1: F2A = EZ2: F2E = EZL + EZ2
  Debug.Print "'F1A ="; F1A; "  F1E ="; F1E; "  F2A ="; F2A; "  F2E ="; F2E
  Ze = ZeK
  For F1 = F1A To F1E Step 10
   For F2 = F2A To F2E Step 10
    EZv = F1 * F2 / ZiAnFa
    EZg = (EZv - Int(EZv)) * ZiAnFa
    If EZg = EZ Then
     n = n + 1: Ze = Ze + 1
     Cells(Ze, 1) = F1: Cells(Ze, 2) = F2: Cells(Ze, 3) = F1 * F2
    End If
   Next F2
  Next F1
  EZ1 = 3: EZ2 = 7
  F1A = EZ1: F1E = EZL + EZ1: F2A = EZ2: F2E = EZL + EZ2
  Debug.Print "'F1A ="; F1A; "  F1E ="; F1E; "  F2A ="; F2A; "  F2E ="; F2E
  Ze = ZeK
  For F1 = F1A To F1E Step 10
   For F2 = F2A To F2E Step 10
    EZv = F1 * F2 / ZiAnFa
    EZg = (EZv - Int(EZv)) * ZiAnFa
    If EZg = EZ Then
     n = n + 1: Ze = Ze + 1
     Cells(Ze, 4) = F1: Cells(Ze, 5) = F2: Cells(Ze, 6) = F1 * F2
    End If
   Next F2
  Next F1
```

```vba
EZ1 = 7: EZ2 = 3
F1A = EZ1: F1E = EZL + EZ1: F2A = EZ2: F2E = EZL + EZ2
Debug.Print "F1A ="; F1A; "  F1E ="; F1E; "  F2A ="; F2A; "  F2E ="; F2E
Ze = ZeK
For F1 = F1A To F1E Step 10
  For F2 = F2A To F2E Step 10
    EZv = F1 * F2 / ZiAnFa
    EZg = (EZv - Int(EZv)) * ZiAnFa
    If EZg = EZ Then
      n = n + 1: Ze = Ze + 1
      Cells(Ze, 7) = F1: Cells(Ze, 8) = F2: Cells(Ze, 9) = F1 * F2
    End If
  Next F2
Next F1
EZ1 = 9: EZ2 = 9
F1A = EZ1: F1E = EZL + EZ1: F2A = EZ2: F2E = EZL + EZ2
Debug.Print "F1A ="; F1A; "  F1E ="; F1E; "  F2A ="; F2A; "  F2E ="; F2E
Ze = ZeK
For F1 = F1A To F1E Step 10
  For F2 = F2A To F2E Step 10
    EZv = F1 * F2 / ZiAnFa
    EZg = (EZv - Int(EZv)) * ZiAnFa
    If EZg = EZ Then
      n = n + 1: Ze = Ze + 1
      Cells(Ze, 10) = F1: Cells(Ze, 11) = F2: Cells(Ze, 12) = F1 * F2
    End If
  Next F2
Next F1
aktualisieren 1
Debug.Print "Ende:", Now, "n="; n;
Cells(3, 11) = Now
Exit Sub
Fehler:
aktualisieren 1
Debug.Print "Error:", "F1 ="; F1; "  F2 ="; F2
Debug.Print "Ende:", Now;
End Sub '_____________________________________
```

```
Sub aktualisiere()
 aktualisieren 1
 Debug.Print "'Aktualisieren eingeschaltet";
End Sub

Sub aktualisieren(ein)      'Schaltet Bildschirmausgabe/Berechnung
  With Application
   If ein = 1 Then
     .ScreenUpdating = True                    'Bildschirmausgabe
     .Calculation = xlCalculationAutomatic 'Berechnung automatisch
   Else
     .ScreenUpdating = False               'Keine Bildschirmausgabe
     .Calculation = xlCalculationManual        'Berechnung manuell
   End If
  End With
End Sub  '_______________________________________________
```

Protokoll:
```
'Start:     21.07.2023 22:22:35
'EZ = 9543541   ZiAnFa = 10000000
'F1A = 1  F1E = 10000000  F2A = 1  F2E = 10000000
'F1A = 3  F1E = 10000002  F2A = 7  F2E = 10000006
'F1A = 7  F1E = 10000006  F2A = 3  F2E = 10000002
'F1A = 9  F1E = 10000008  F2A = 9  F2E = 10000008
'Ende:     23.07.2023 09:38:31      n= 4000000
```

Bemerkung

Die lange **Programmlaufzeit** beruht auf dem großen Rechenaufwand dieser Programmversion. Er wächst für jede weitere Endziffer mit dem Faktor 100:

Um alle Varianten der Kombinationen von sieben Endziffern der beiden Faktoren von *RSA*-129 zu bestimmen müssen viermal $10^{7-1} \cdot 10^{7-1} = 4 \cdot 10^{12}$ Produkte berechnet werden! Aus diesen sind diejenigen Produkte auszuwählen und in die Liste zu schreiben, die die vorgegebenen Endziffern haben, hier also die Ziffern …**9.543.541**. Die fertige Liste enthält dann 4.000.000 Einträge, jeder mit f_1, f_2 und $f_1 \cdot f_2$!

3.2 Direkt erstellte *Excel*-Liste für sieben Endziffern ohne getauschte Faktoren

```vba
Const EZL As LongLong = 9999999: Const ZeK As Long = 6

Sub schreibeLösungen()                              'Ohne Doppelte
  Dim EZ As LongLong, EZg As LongLong, _
        EZ1 As Double, EZ2 As Double, EZv As Double, _
      F1 As LongLong, F1A As Long, F1E As Long, _
      F2 As LongLong, F2A As Long, F2E As Long, _
      n As Long, _
      Ze As Long
  Debug.Print "'Start:", Now
  On Error GoTo Fehler
  Cells(2, 12) = Now
  EZ = Cells(3, 3): ZiAnFa = Cells(4, 3)
  Debug.Print "'EZ ="; EZ; "  ZiAnFa ="; ZiAnFa
  aktualisieren 0
  n = 0
  EZ1 = 1: EZ2 = 1
  F1A = EZ1: F1E = EZL + EZ1: F2A = EZ2: F2E = EZL + EZ2
  Debug.Print "'F1A ="; F1A; "  F1E ="; F1E; "  F2A ="; F2A; "  F2E ="; F2E
  Ze = ZeK
  For F1 = F1A To F1E Step 10
    For F2 = F2A To F2E Step 10
      EZv = F1 * F2 / ZiAnFa
      EZg = (EZv - Int(EZv)) * ZiAnFa
      If EZg = EZ Then
        If F1 <= F2 Then                            'Ohne Doppelte
          n = n + 1: Ze = Ze + 1
          Cells(Ze, 1) = F1: Cells(Ze, 2) = F2: Cells(Ze, 3) = F1 * F2
        End If
      End If
    Next F2
  Next F1
```

```
EZ1 = 3: EZ2 = 7
F1A = EZ1: F1E = EZL + EZ1: F2A = EZ2: F2E = EZL + EZ2
Debug.Print "'F1A ="; F1A; "  F1E ="; F1E; "  F2A ="; F2A; "  F2E ="; F2E
Ze = ZeK
For F1 = F1A To F1E Step 10
  For F2 = F2A To F2E Step 10
    EZv = F1 * F2 / ZiAnFa
    EZg = (EZv - Int(EZv)) * ZiAnFa
    If EZg = EZ Then                              'Doppelte ex. nicht
      n = n + 1: Ze = Ze + 1
      Cells(Ze, 4) = F1: Cells(Ze, 5) = F2: Cells(Ze, 6) = F1 * F2
    End If
  Next F2
Next F1
EZ1 = 7: EZ2 = 3
F1A = EZ1: F1E = EZL + EZ1: F2A = EZ2: F2E = EZL + EZ2
Debug.Print "'F1A ="; F1A; "  F1E ="; F1E; "  F2A ="; F2A; "  F2E ="; F2E
Ze = ZeK
For F1 = F1A To F1E Step 10
  For F2 = F2A To F2E Step 10
    EZv = F1 * F2 / ZiAnFa
    EZg = (EZv - Int(EZv)) * ZiAnFa
    If EZg = EZ Then                              'Doppelte ex. nicht
      n = n + 1: Ze = Ze + 1
      Cells(Ze, 7) = F1: Cells(Ze, 8) = F2: Cells(Ze, 9) = F1 * F2
    End If
  Next F2
Next F1
EZ1 = 9: EZ2 = 9
F1A = EZ1: F1E = EZL + EZ1: F2A = EZ2: F2E = EZL + EZ2
Debug.Print "'F1A ="; F1A; "  F1E ="; F1E; "  F2A ="; F2A; "  F2E ="; F2E
Ze = ZeK
For F1 = F1A To F1E Step 10
  For F2 = F2A To F2E Step 10
    EZv = F1 * F2 / ZiAnFa
    EZg = (EZv - Int(EZv)) * ZiAnFa
    If EZg = EZ Then
      If F1 <= F2 Then                            'Ohne Doppelte
        n = n + 1: Ze = Ze + 1
        Cells(Ze, 10) = F1: Cells(Ze, 11) = F2: Cells(Ze, 12) = F1 * F2
      End If
    End If
  Next F2
Next F1
```

```
 aktualisieren 1
 Debug.Print "'Ende:", Now, "n="; n;
 Cells(3, 12) = Now
Exit Sub
Fehler:
 aktualisieren 1
 Debug.Print "'Error:", "F1 ="; F1; " F2 ="; F2
 Debug.Print "'Ende:", Now;
End Sub '_________________________________________


Sub aktualisiere()
 aktualisieren 1
 Debug.Print "'Aktualisieren eingeschaltet";
End Sub


Sub aktualisieren(ein) 'Schaltet Bildschirmausgabe/Berechnung
 With Application
  If ein = 1 Then
   .ScreenUpdating = True                   'Bildschirmausgabe
   .Calculation = xlCalculationAutomatic 'Berechnung automatisch
  Else
   .ScreenUpdating = False               'Keine Bildschirmausgabe
   .Calculation = xlCalculationManual        'Berechnung manuell
  End If
 End With
End Sub '_________________________________________
```

Protokoll:
```
'Start:     23.07.2023 22:27:53
'EZ = 9543541   ZiAnFa = 10000000
'F1A = 1  F1E = 10000000  F2A = 1  F2E = 10000000
'F1A = 3  F1E = 10000002  F2A = 7  F2E = 10000006
'F1A = 7  F1E = 10000006  F2A = 3  F2E = 10000002
'F1A = 9  F1E = 10000008  F2A = 9  F2E = 10000008
'Ende:     25.07.2023 09:48:21       n= 3000000
```

	A	B	C	D	E	F	G	H	I	J	K	L	M
1	RSA-129-Faktorisierung			4	5	6	7	8	9	10	11	12	
2	Bestimmung der letzten Ziffer von f_1 & f_2 für:										Start:	23:07:23 - 22:27:53	
3		Eingabe:	9.543.541 = EndZiffern			Unsortiert					Ende:	25:07:23 - 09:48:21	
4	Ohne		10.000.000 = Faktor			$f_1 = …3 \mid f_2 = …7$ identisch $f_1 = …7 \mid f_2 = …3$				Ohne	Dauer:	1 - 11:20:28 Tage	
5	Doppelte	Anzahl:	500.000			1.000.000			1.000.000	Doppelte		500.000 = 3.000.000	
6	$f_1 = …1$	$f_2 = …1$	$EZ = f_1 \cdot f_2$	$f_1 = …3$	$f_2 = …7$	$EZ = f_1 \cdot f_2$	$f_1 = …7$	$f_2 = …3$	$EZ = f_1 \cdot f_2$	$f_1 = …9$	$f_2 = …9$	$EZ = f_1 \cdot f_2$	
7	1	9.543.541	9.543.541	3	9.847.847	29.543.541	7	1.363.363	9.543.541	9	6.615.949	59.543.541	
8	11	7.231.231	79.543.541	13	9.195.657	119.543.541	17	7.031.973	119.543.541	19	2.081.239	39.543.541	
9	21	7.121.121	149.543.541	23	2.154.067	49.543.541	27	8.871.983	239.543.541	29	5.846.329	169.543.541	
10	31	7.727.211	239.543.541	33	9.077.077	299.543.541	37	9.717.393	359.543.541	39	3.065.219	119.543.541	
11	41	3.403.501	139.543.541	43	7.198.687	309.543.541	47	5.522.203	259.543.541	49	3.051.909	149.543.541	
12	51	2.343.991	119.543.541	53	2.632.897	139.543.541	57	7.360.413	419.543.541	59	7.280.399	429.543.541	
13	61	4.582.681	279.543.541	63	2.373.707	149.543.541	67	3.426.023	229.543.541	69	7.384.689	509.543.541	
14	71	9.993.571	709.543.541	73	6.295.117	459.543.541	77	1.033.033	79.543.541	79	3.158.779	249.543.541	
15	81	6.290.661	509.543.541	83	9.151.127	759.543.541	87	8.615.443	749.543.541	89	556.669	49.543.541	
16	91	7.027.951	639.543.541	93	2.575.737	239.543.541	97	7.727.253	749.543.541	99	9.692.359	959.543.541	
17	101	9.599.441	969.543.541	103	7.082.947	729.543.541	107	5.042.463	539.543.541	109	2.839.849	309.543.541	
18	111	3.239.131	359.543.541	113	4.066.757	459.543.541	117	4.355.073	509.543.541	119	2.433.139	289.543.541	
19	121	7.021.021	849.543.541	123	7.801.167	959.543.541	127	8.579.083	1.089.543.541	129	9.066.229	1.169.543.541	
20	131	7.859.111	1.029.543.541	133	7.440.177	989.543.541	137	1.748.493	239.543.541	139	9.493.119	1.319.543.541	
21	141	8.507.401	1.199.543.541	143	9.017.787	1.289.543.541	147	1.017.303	149.543.541	149	4.627.809	689.543.541	
22	151	5.559.891	839.543.541	153	7.447.997	1.139.543.541	157	8.659.513	1.359.543.541	159	7.544.299	1.199.543.541	
23	161	7.450.581	1.199.543.541	163	8.524.807	1.389.543.541	167	4.069.123	679.543.541	169	1.476.589	249.543.541	
24	171	2.453.471	419.543.541	173	922.217	159.543.541	177	5.760.133	1.019.543.541	179	7.818.679	1.399.543.541	
25	181	6.682.561	1.209.543.541	183	8.194.227	1.499.543.541	187	3.366.543	629.543.541	189	4.124.569	779.543.541	
26	191	2.091.851	399.543.541	193	774.837	149.543.541	197	9.642.353	1.899.543.541	199	2.108.259	419.543.541	
27	201	4.475.341	899.543.541	203	7.978.047	1.619.543.541	207	2.461.563	509.543.541	209	5.643.749	1.179.543.541	
28	211	1.467.031	309.543.541	213	9.997.857	2.129.543.541	217	6.818.173	1.479.543.541	219	8.765.039	1.919.543.541	
29	221	540.921	119.543.541	223	9.908.267	2.209.543.541	227	6.826.183	1.549.543.541	229	3.666.129	839.543.541	
30	231	7.011.011	1.619.543.541	233	5.663.277	1.319.543.541	237	7.719.593	1.829.543.541	239	8.701.019	2.079.543.541	
31	241	2.031.301	489.543.541	243	2.096.887	509.543.541	247	7.852.403	1.939.543.541	249	6.383.709	1.589.543.541	
32	251	595.791	149.543.541	253	2.923.097	739.543.541	257	698.613	179.543.541	259	1.388.199	359.543.541	
33	261	9.538.481	2.489.543.541	263	2.735.907	719.543.541	267	6.852.223	1.829.543.541	269	8.548.489	2.299.543.541	
34	271	5.533.371	1.499.543.541	273	9.009.317	2.459.543.541	277	6.027.233	1.669.543.541	279	858.579	239.543.541	
35	281	3.094.461	869.543.541	283	4.097.327	1.159.543.541	287	9.057.643	2.599.543.541	289	7.472.469	2.159.543.541	
36	291	2.575.751	749.543.541	293	7.233.937	2.119.543.541	297	9.897.453	2.939.543.541	299	1.704.159	509.543.541	
37	301	8.171.241	2.459.543.541	303	6.533.147	1.979.543.541	307	7.620.663	2.339.543.541	309	9.027.649	2.789.543.541	

Abb. 2.1: Direkt erstellte *Excel*-Liste für sieben Endziffern ohne getauschte Faktoren, erste 30 Varianten der vier Typen

RSA-129-Faktorisierung

Bestimmung der letzten Ziffer von f_1 & f_2 für:

Eingabe:	9.543.541 = EndZiffern		Unsortiert				Start:	23:07:23 - 22:27:53
	10.000.000 = Faktor		$f_1 = ...3 \mid f_2 = ...7$ identisch $f_1 = ...7 \mid f_2 = ...3$			Ohne	Ende:	25:07:23 - 09:48:21
Ohne							Dauer:	1 - 11:20:28 Tage
Doppelte	Anzahl: 500.000		1.000.000		1.000.000	Doppelte		500.000 = 3.000.000

	A	B	C	D	E	F	G	H	I	J	K	L
				4	5	6	7	8	9	10	11	12
6	$f_1 = ...1$	$f_2 = ...1$	$EZ = f_1 \cdot f_2$	$f_1 = ...3$	$f_2 = ...7$	$EZ = f_1 \cdot f_2$	$f_1 = ...7$	$f_2 = ...3$	$EZ = f_1 \cdot f_2$	$f_1 = ...9$	$f_2 = ...9$	$EZ = f_1 \cdot f_2$
7	1	9.543.541	9.543.541	3	9.847.847	29.543.541	7	1.363.363	9.543.541	9	6.615.949	59.543.541
8	11	7.231.231	79.543.541	13	9.195.657	119.543.541	17	7.031.973	119.543.541	19	2.081.239	39.543.541
499978	9.922.841	9.952.701	98.759.069.543.541	4.999.713	5.942.357	29.710.079.543.541	4.999.717	902.673	4.513.109.543.541	9.916.099	9.936.359	98.529.919.543.541
499979	9.923.451	9.984.591	99.081.599.543.541	4.999.723	8.972.767	44.861.349.543.541	4.999.727	5.990.683	29.951.779.543.541	9.917.529	9.928.829	98.469.449.543.541
499980	9.924.191	9.927.851	98.525.889.543.541	4.999.733	8.147.777	40.736.709.543.541	4.999.737	2.264.093	11.319.869.543.541	9.917.939	9.939.319	98.577.559.543.541
499981	9.924.231	9.967.011	98.914.919.543.541	4.999.743	4.301.387	21.505.829.543.541	4.999.747	2.076.903	10.383.989.543.541	9.918.539	9.926.719	98.458.549.543.541
499982	9.930.991	9.993.051	99.240.899.543.541	4.999.753	7.147.597	35.736.219.543.541	4.999.757	2.903.113	14.514.859.543.541	9.920.969	9.971.789	98.929.809.543.541
499983	9.932.021	9.989.121	99.212.159.543.541	4.999.763	7.280.407	36.400.309.543.541	4.999.767	9.336.723	46.681.439.543.541	9.925.729	9.940.629	98.667.989.543.541
499984	9.933.801	9.997.741	99.315.569.543.541	4.999.773	8.173.817	40.867.229.543.541	4.999.777	5.091.733	25.457.529.543.541	9.926.999	9.949.459	98.768.269.543.541
499985	9.935.241	9.996.301	99.315.659.543.541	4.999.783	8.181.827	40.907.359.543.541	4.999.787	5.002.143	25.009.649.543.541	9.927.819	9.949.439	98.776.229.543.541
499986	9.935.411	9.947.831	98.835.789.543.541	4.999.793	2.538.437	12.691.659.543.541	4.999.797	7.021.953	35.108.339.543.541	9.928.129	9.938.229	98.668.019.543.541
499987	9.935.611	9.943.631	98.796.049.543.541	4.999.803	5.357.647	26.787.179.543.541	4.999.807	4.225.163	21.124.999.543.541	9.928.269	9.980.489	99.088.979.543.541
499988	9.940.281	9.954.461	98.950.139.543.541	4.999.813	1.633.457	8.166.979.543.541	4.999.817	6.805.773	34.027.619.543.541	9.928.579	9.930.279	98.593.559.543.541
499989	9.940.791	9.955.251	98.963.069.543.541	4.999.823	9.239.867	46.197.699.543.541	4.999.827	4.077.783	20.388.209.543.541	9.929.359	9.943.099	98.728.599.543.541
499990	9.943.191	9.968.851	99.122.189.543.541	4.999.833	930.877	4.654.229.543.541	4.999.837	6.475.193	32.374.909.543.541	9.929.979	9.948.879	98.792.159.543.541
499991	9.943.771	9.989.871	99.336.989.543.541	4.999.843	6.340.487	31.701.439.543.541	4.999.847	7.552.003	37.758.859.543.541	9.936.379	9.942.479	98.792.239.543.541
499992	9.944.291	9.991.751	99.360.879.543.541	4.999.853	3.982.697	19.912.899.543.541	4.999.857	5.982.213	29.910.209.543.541	9.940.239	9.961.019	99.014.909.543.541
499993	9.947.641	9.959.901	99.077.519.543.541	4.999.863	3.251.507	16.257.089.543.541	4.999.867	7.559.823	37.798.109.543.541	9.942.169	9.974.589	99.169.049.543.541
499994	9.952.101	9.967.441	99.196.979.543.541	4.999.873	6.420.917	32.103.769.543.541	4.999.877	7.198.833	35.993.279.543.541	9.944.959	9.951.499	98.967.249.543.541
499995	9.953.141	9.974.401	99.276.619.543.541	4.999.883	644.927	3.224.559.543.541	4.999.887	933.243	4.666.109.543.541	9.947.159	9.977.299	99.245.779.543.541
499996	9.956.271	9.977.371	99.337.409.543.541	4.999.893	9.957.537	49.786.619.543.541	4.999.897	7.917.053	39.584.449.543.541	9.947.199	9.981.259	99.285.569.543.541
499997	9.958.481	9.980.261	99.388.239.543.541	4.999.903	7.272.747	36.363.029.543.541	4.999.907	2.424.263	12.121.089.543.541	9.947.689	9.977.069	99.248.779.543.541
499998	9.960.051	9.983.991	99.441.059.543.541	4.999.913	6.384.557	31.922.229.543.541	4.999.917	5.848.873	29.243.879.543.541	9.952.609	9.987.349	99.400.179.543.541
499999	9.964.011	9.987.231	99.512.879.543.541	4.999.923	3.966.967	19.834.529.543.541	4.999.927	8.704.883	43.523.779.543.541	9.955.149	9.972.809	99.280.799.543.541
500000	9.965.421	9.975.721	99.412.259.543.541	4.999.933	1.573.977	7.869.779.543.541	4.999.937	2.626.293	13.131.299.543.541	9.960.509	9.975.449	99.360.549.543.541
500001	9.965.971	9.987.671	99.536.839.543.541	4.999.943	7.639.587	38.197.499.543.541	4.999.947	2.367.103	11.835.389.543.541	9.965.469	9.967.289	99.328.709.543.541
500002	9.975.781	9.978.961	99.547.929.543.541	4.999.953	9.477.797	47.388.539.543.541	4.999.957	7.801.313	39.006.229.543.541	9.970.269	9.978.489	99.488.219.543.541
500003	9.977.001	9.986.541	99.635.729.543.541	4.999.963	5.282.607	26.412.839.543.541	4.999.967	5.922.923	29.614.419.543.541	9.971.629	9.994.729	99.663.729.543.541
500004	9.987.701	9.987.841	99.755.569.543.541	4.999.973	6.128.017	30.639.919.543.541	4.999.977	2.845.933	14.229.599.543.541	9.979.069	9.985.689	99.647.879.543.541
500005	9.989.991	9.994.051	99.840.479.543.541	4.999.983	7.968.027	39.839.999.543.541	4.999.987	5.804.343	29.021.639.543.541	9.981.199	9.987.259	99.684.819.543.541
500006	9.996.071	9.997.571	99.936.429.543.541	4.999.993	3.636.637	18.183.159.543.541	4.999.997	5.152.153	25.760.749.543.541	9.981.309	9.986.649	99.679.829.543.541

Abb. 2.2: Direkt erstellte *Excel*-Liste für sieben Endziffern ohne getauschte Faktoren, letzte 30 Varianten der Typen (a) und (d)

	A	B	C	D	E	F	G	H	I	J	K	L	M
				4	5	6	7	8	9	10	11	12	
1	RSA-129-Faktorisierung												
2	Bestimmung der letzten Ziffer von f_1 & f_2 für:												
3	Eingabe:		9.543.541	= EndZiffern		Unsortiert					Start:	23:07:23 - 22:27:53	
4	Ohne		10.000.000	= Faktor		$f_1 = {...}3 \mid f_2 = {...}7$ identisch $f_1 = {...}7 \mid f_2 = {...}3$				Ohne	Ende:	25:07:23 - 09:48:21	
5	Doppelte	Anzahl:	500.000			1.000.000			1.000.000	Doppelte	Dauer:	1 - 11:20:28 Tage	
6	$f_1 = {...}1$	$f_2 = {...}1$	EZ = $f_1 \cdot f_2$	$f_1 = {...}3$	$f_2 = {...}7$	EZ = $f_1 \cdot f_2$	$f_1 = {...}7$	$f_2 = {...}3$	EZ = $f_1 \cdot f_2$	$f_1 = {...}9$	$f_2 = {...}9$	EZ = $f_1 \cdot f_2$	500.000 = 3.000.000
7	1	9.543.541	9.543.541	3	9.847.847	29.543.541	7	1.363.363	9.543.541	9	6.615.949	59.543.541	
8	11	7.231.231	79.543.541	13	9.195.657	119.543.541	17	7.031.973	119.543.541	19	2.081.239	39.543.541	

Zeile	D	E	F	G	H	I
999977	9.999.703	102.547	1.025.439.543.541	9.999.707	2.766.063	27.659.819.543.541
999978	9.999.713	942.357	9.423.299.543.541	9.999.717	5.902.673	59.025.059.543.541
999979	9.999.723	3.972.767	39.726.569.543.541	9.999.727	990.683	9.906.559.543.541
999980	9.999.733	3.147.777	31.476.929.543.541	9.999.737	7.264.093	72.639.019.543.541
999981	9.999.743	9.301.387	93.011.479.543.541	9.999.747	7.076.903	70.767.239.543.541
999982	9.999.753	2.147.597	21.475.439.543.541	9.999.757	7.903.113	79.029.209.543.541
999983	9.999.763	2.280.407	22.803.529.543.541	9.999.767	4.336.723	43.366.219.543.541
999984	9.999.773	3.173.817	31.737.449.543.541	9.999.777	91.733	917.309.543.541
999985	9.999.783	3.181.827	31.817.579.543.541	9.999.787	2.143	21.429.543.541
999986	9.999.793	7.538.437	75.382.809.543.541	9.999.797	2.021.953	20.219.119.543.541
999987	9.999.803	357.647	3.576.399.543.541	9.999.807	9.225.163	92.249.849.543.541
999988	9.999.813	6.633.457	66.333.329.543.541	9.999.817	1.805.773	18.057.399.543.541
999989	9.999.823	4.239.867	42.397.919.543.541	9.999.827	9.077.783	90.776.259.543.541
999990	9.999.833	5.930.877	59.307.779.543.541	9.999.837	1.475.193	14.751.689.543.541
999991	9.999.843	1.340.487	13.404.659.543.541	9.999.847	2.552.003	25.519.639.543.541
999992	9.999.853	8.982.697	89.825.649.543.541	9.999.857	982.213	9.821.989.543.541
999993	9.999.863	8.251.507	82.513.939.543.541	9.999.867	2.559.823	25.597.889.543.541
999994	9.999.873	1.420.917	14.208.989.543.541	9.999.877	2.198.833	21.988.059.543.541
999995	9.999.883	5.644.927	56.448.609.543.541	9.999.887	5.933.243	59.331.759.543.541
999996	9.999.893	4.957.537	49.574.839.543.541	9.999.897	2.917.053	29.170.229.543.541
999997	9.999.903	2.272.747	22.727.249.543.541	9.999.907	7.424.263	74.241.939.543.541
999998	9.999.913	1.384.557	13.845.449.543.541	9.999.917	848.873	8.488.659.543.541
999999	9.999.923	8.966.967	89.668.979.543.541	9.999.927	3.704.883	37.048.559.543.541
1000000	9.999.933	6.573.977	65.739.329.543.541	9.999.937	7.626.293	76.262.449.543.541
1000001	9.999.943	2.639.587	26.395.719.543.541	9.999.947	7.367.103	73.670.639.543.541
1000002	9.999.953	4.477.797	44.777.759.543.541	9.999.957	2.801.313	28.013.009.543.541
1000003	9.999.963	282.607	2.826.059.543.541	9.999.967	922.923	9.229.199.543.541
1000004	9.999.973	1.128.017	11.280.139.543.541	9.999.977	7.845.933	78.459.149.543.541
1000005	9.999.983	2.968.027	29.680.219.543.541	9.999.987	804.343	8.043.419.543.541
1000006	9.999.993	8.636.637	86.366.309.543.541	9.999.997	152.153	1.521.529.543.541

Abb. 2.3: Direkt erstellte *Excel*-Liste für sieben Endziffern ohne getauschte Faktoren, letzte 30 Varianten der Typen (b) und (c)

3.3 Vollständige *Excel*-Liste für sieben Endziffern, erstellt auf Basis der Liste für sechs Endziffern

```vba
Const FZEZ As Long = 9: Const ZeK As Long = 6
Const SpL1 As Long = 15: Const SpS1 As Long = 27
Const SpL2 As Long = 18: Const SpS2 As Long = 30
Const SpL3 As Long = 21: Const SpS3 As Long = 33
Const SpL4 As Long = 24: Const SpS4 As Long = 36

Sub ergänzeFührendeZiffern()
  Dim EZ As LongLong, EZa As LongLong, _
      FZF1 As LongLong, FZF2 As LongLong, _
      FZEZr As Long, FZEZv As Double, _
      n As Long, _
      Ze As Long, ZeE As Long, _
        ZeS1 As Long, ZeS2 As Long, ZeS3 As Long, ZeS4 As Long, _
      ZiAnFa As Long, ZiAnFa1 As Long
  Debug.Print "'Start:", Now
  On Error GoTo Fehler
  Cells(2, 36) = Now
  EZ = Cells(3, 3): ZiAnFa = Cells(4, 3)
  ZiAnFa1 = ZiAnFa * 10: EZa = FZEZ * ZiAnFa + EZ
  Debug.Print "'FZEZ ="; FZEZ; " ZiAnFa1 ="; ZiAnFa1; " EZa ="; EZa
  ZeS1 = ZeK: ZeS2 = ZeK: ZeS3 = ZeK: ZeS4 = ZeK:
  Cells(ZeK - 3, SpS1) = EZa: Cells(ZeK - 2, SpS1) = ZiAnFa1
  ZeE = Cells(ZeK - 1, SpL1 - 12) + ZeK
  n = 0
  Debug.Print "'FZF1 = ";
  For FZF1 = 0 To 9
    Cells(ZeK - 1, SpL1 - 2) = FZF1
    Debug.Print FZF1 & ",";
    For FZF2 = 0 To 9
      aktualisieren 1
      Cells(ZeK - 1, SpL1 - 1) = FZF2
      aktualisieren 0
      For Ze = ZeK + 1 To ZeE
        FZEZv = Cells(Ze, SpL1) / ZiAnFa1
        FZEZv = FZEZv - Int(FZEZv)
        FZEZr = Int(FZEZv * 10)
        If FZEZr = FZEZ Then
          ZeS1 = ZeS1 + 1: n = n + 1
          Cells(ZeS1, SpS1 - 2) = Cells(Ze, SpL1 - 2)
          Cells(ZeS1, SpS1 - 1) = Cells(Ze, SpL1 - 1)
          Cells(ZeS1, SpS1) = Cells(Ze, SpL1)
        End If
```

```
        FZEZv = Cells(Ze, SpL2) / ZiAnFa1
        FZEZv = FZEZv - Int(FZEZv)
        FZEZr = Int(FZEZv * 10)
        If FZEZr = FZEZ Then
          ZeS2 = ZeS2 + 1: n = n + 1
          Cells(ZeS2, SpS2 - 2) = Cells(Ze, SpL2 - 2)
          Cells(ZeS2, SpS2 - 1) = Cells(Ze, SpL2 - 1)
          Cells(ZeS2, SpS2) = Cells(Ze, SpL2)
        End If
        FZEZv = Cells(Ze, SpL3) / ZiAnFa1
        FZEZv = FZEZv - Int(FZEZv)
        FZEZr = Int(FZEZv * 10)
        If FZEZr = FZEZ Then
          ZeS3 = ZeS3 + 1: n = n + 1
          Cells(ZeS3, SpS3 - 2) = Cells(Ze, SpL3 - 2)
          Cells(ZeS3, SpS3 - 1) = Cells(Ze, SpL3 - 1)
          Cells(ZeS3, SpS3) = Cells(Ze, SpL3)
        End If
        FZEZv = Cells(Ze, SpL4) / ZiAnFa1
        FZEZv = FZEZv - Int(FZEZv)
        FZEZr = Int(FZEZv * 10)
        If FZEZr = FZEZ Then
          ZeS4 = ZeS4 + 1: n = n + 1
          Cells(ZeS4, SpS4 - 2) = Cells(Ze, SpL4 - 2)
          Cells(ZeS4, SpS4 - 1) = Cells(Ze, SpL4 - 1)
          Cells(ZeS4, SpS4) = Cells(Ze, SpL4)
        End If
      Next Ze
    Next FZF2
  Next FZF1
  aktualisieren 1
  Cells(3, 36) = Now
  Debug.Print
  Debug.Print "'Ende:", Now; "  n ="; n;
Exit Sub
Fehler:
  aktualisieren 1
  Debug.Print
  Debug.Print "'Error:","FZF1 ="; FZF1;" FZF2 ="; FZF2; _
                    " Ze ="; Ze;" FZEZv ="; FZEZv
  Debug.Print "'Ende:", Now;
End Sub.'________________________________
```

```
Sub aktualisiere()
 aktualisieren 1
 Debug.Print "'Aktualisieren eingeschaltet";
End Sub

Sub aktualisieren(ein)        'Schaltet Bildschirmausgabe/Berechnung
  With Application
   If ein = 1 Then
     .ScreenUpdating = True                  'Bildschirmausgabe
     .Calculation = xlCalculationAutomatic 'Berechnung automatisch
   Else
     .ScreenUpdating = False               'Keine Bildschirmausgabe
     .Calculation = xlCalculationManual      'Berechnung manuell
   End If
  End With
End Sub '_______________________________________________
```

Protokoll:

```
'Start:      23.07.2023 11:57:20
'FZEZ = 9   ZiAnFa1 = 10000000   EZa = 9543541
'FZF1 = 0, 1, 2, 3, 4, 5, 6, 7, 8, 9,
'Ende:      23.07.2023 12:05:24   n = 4000000
```

Formeln

[M7] =$M$5*$C$4+A7; kopiert in Spalten P, S und V bis Zeile 100.006.
[N7] =$N$5*$C$4+B7; kopiert in Spalten Q, T und W bis Zeile 100.006.
[O7] =M7*N7;   kopiert in Spalten R, U und X bis Zeile 100.006.

Bemerkung

Die **Programmlaufzeit** wird hier durch die Reduzierung des Problems auf die Bestimmung einer einzigen zusätzlichen Endziffer dramatisch reduziert von 1,5 Tagen auf nur noch 8 Minuten, in der alternativen Programmversion, siehe Abschnitt 3.5, sogar auf unter 4 Minuten!

	A	B	C	D	E	F	G	H	I	J	K	L
				4	5	6	7	8	9	10	11	12
1	RSA-129-Faktorisierung											
2	Bestimmung der letzten Ziffer von f_1 & f_2 für:					Basisdaten aus: *PrimFaRSA-129 6Zi LZ=1-9_VBAmDoScrSh.xlsb*						
3	Eingabe:		543.541 = EndZiffern			Mit Doppelten						
4			1.000.000 = Faktor									
5	Anzahl:		100.000									
6	$f_1 = {...}1$	$f_2 = {...}1$	$EZ = f_1 \cdot f_2$	$f_1 = {...}3$	$f_2 = {...}7$	$EZ = f_1 \cdot f_2$	$f_1 = {...}7$	$f_2 = {...}3$	$EZ = f_1 \cdot f_2$	$f_1 = {...}9$	$f_2 = {...}9$	$EZ = f_1 \cdot f_2$
7	1.331	1.911	2.543.541	363	7.007	2.543.541	637	3.993	2.543.541	539	4.719	2.543.541
8	1.911	1.331	2.543.541	273	9.317	2.543.541	847	3.003	2.543.541	429	5.929	2.543.541
9	1.001	2.541	2.543.541	1.573	1.617	2.543.541	1.617	1.573	2.543.541	1.929	4.429	8.543.541
10	1.801	9.741	17.543.541	1.913	6.557	12.543.541	3.247	5.403	17.543.541	2.429	3.929	9.543.541
11	2.541	1.001	2.543.541	2.333	8.377	19.543.541	4.107	6.463	26.543.541	2.699	5.759	15.543.541
12	2.161	8.581	18.543.541	3.003	847	2.543.541	6.557	1.913	12.543.541	2.419	6.839	16.543.541
13	3.851	8.191	31.543.541	3.993	637	2.543.541	6.707	3.063	20.543.541	3.929	2.429	9.543.541
14	8.581	2.161	18.543.541	3.063	6.707	20.543.541	7.007	363	2.543.541	4.719	539	2.543.541
15	8.191	3.851	31.543.541	5.403	3.247	17.543.541	7.867	7.823	61.543.541	4.429	1.929	8.543.541
16	9.741	1.801	17.543.541	5.023	9.067	45.543.541	8.377	2.333	19.543.541	5.929	429	2.543.541
99993	990.331	992.911	983.310.543.541	999.023	983.067	982.106.543.541	999.357	986.713	986.078.543.541	995.019	986.239	981.326.543.541
99994	992.911	990.331	983.310.543.541	990.933	994.977	985.955.543.541	992.407	991.763	984.232.543.541	997.379	981.479	978.906.543.541
99995	993.161	997.581	990.758.543.541	990.683	999.727	990.412.543.541	992.177	992.133	984.371.543.541	998.299	986.159	984.481.543.541
99996	994.241	997.301	991.557.543.541	991.763	992.407	984.232.543.541	993.537	995.893	989.456.543.541	999.769	988.989	988.760.543.541
99997	994.071	999.571	993.644.543.541	991.623	997.667	989.309.543.541	994.977	990.933	985.955.543.541	990.259	998.199	988.475.543.541
99998	995.571	998.071	993.650.543.541	992.133	992.177	984.371.543.541	994.597	996.753	991.367.543.541	991.809	996.149	987.989.543.541
99999	995.281	999.461	994.744.543.541	992.993	999.637	992.632.543.541	996.937	993.293	990.250.543.541	991.419	997.839	989.276.543.541
100000	996.071	997.571	993.651.543.541	993.293	996.937	990.250.543.541	996.007	999.363	995.372.543.541	996.149	991.809	987.989.543.541
100001	997.581	993.161	990.758.543.541	993.443	998.087	991.542.543.541	996.997	999.153	996.152.543.541	997.839	991.419	989.276.543.541
100002	997.301	994.241	991.557.543.541	995.893	993.537	989.456.543.541	997.667	991.623	989.309.543.541	997.459	998.999	996.460.543.541
100003	997.571	996.071	993.651.543.541	996.753	994.597	991.367.543.541	998.087	993.443	991.542.543.541	998.199	990.259	988.475.543.541
100004	998.071	995.571	993.650.543.541	998.383	998.427	996.812.543.541	998.427	998.383	996.812.543.541	998.999	997.459	996.460.543.541
100005	999.571	994.071	993.644.543.541	999.153	996.997	996.152.543.541	999.727	990.683	990.412.543.541	998.089	998.669	996.760.543.541
100006	999.461	995.281	994.744.543.541	999.363	996.007	995.372.543.541	999.637	992.993	992.632.543.541	998.669	998.089	996.760.543.541

Abb. 3.1: Vollständige *Excel*-Liste für sieben Endziffern, erstellt auf Basis der Liste für sechs Endziffern, Liste der Basisdaten

Selle: RSA-129

	M	N	O	P	Q	R	S	T	U	V	W	X
1	13	14	15	16	17	18	19	20	21	22	23	24
2												
3	Vorangestellt			543.541 = Letzte EZ-Ziffer			Mit Doppelten					
4	v_1	v_2	1.000.000 = Faktor									
5	9	9	100.000									
6	$f_1 = …1$	$f_2 = …1$	$EZ = f_1 \cdot f_2$	$f_1 = …3$	$f_2 = …7$	$EZ = f_1 \cdot f_2$	$f_1 = …7$	$f_2 = …3$	$EZ = f_1 \cdot f_2$	$f_1 = …9$	$f_2 = …9$	$EZ = f_1 \cdot f_2$
7	9.001.331	9.001.911	81.029.180.543.541	9.000.363	9.007.007	81.066.332.543.541	9.000.637	9.003.993	81.041.672.543.541	9.000.539	9.004.719	81.047.324.543.541
8	9.001.911	9.001.331	81.029.180.543.541	9.000.273	9.009.317	81.086.312.543.541	9.000.847	9.003.003	81.034.652.543.541	9.000.429	9.005.929	81.057.224.543.541
9	9.001.001	9.002.541	81.031.880.543.541	9.001.573	9.001.617	81.028.712.543.541	9.001.617	9.001.573	81.028.712.543.541	9.001.929	9.004.429	81.057.230.543.541
10	9.001.801	9.009.741	81.103.895.543.541	9.001.913	9.006.557	81.076.242.543.541	9.003.247	9.005.403	81.077.867.543.541	9.002.429	9.003.929	81.057.231.543.541
11	9.002.541	9.001.001	81.031.880.543.541	9.002.333	9.008.377	81.096.409.543.541	9.004.107	9.006.463	81.095.156.543.541	9.002.699	9.005.759	81.076.137.543.541
12	9.002.161	9.008.581	81.096.696.543.541	9.003.003	9.000.847	81.034.652.543.541	9.006.557	9.001.913	81.076.242.543.541	9.002.419	9.006.839	81.083.338.543.541
13	9.003.851	9.008.191	81.108.409.543.541	9.003.993	9.000.637	81.041.672.543.541	9.006.707	9.003.063	81.087.950.543.541	9.003.929	9.002.429	81.057.231.543.541
14	9.008.581	9.002.161	81.096.696.543.541	9.003.063	9.006.707	81.087.950.543.541	9.007.007	9.000.363	81.066.332.543.541	9.004.719	9.000.539	81.047.324.543.541
15	9.008.191	9.003.851	81.108.409.543.541	9.005.403	9.003.247	81.077.867.543.541	9.007.867	9.007.823	81.141.271.543.541	9.004.429	9.001.929	81.057.230.543.541
16	9.009.741	9.001.801	81.103.895.543.541	9.005.023	9.009.067	81.126.855.543.541	9.008.377	9.002.333	81.096.409.543.541	9.005.929	9.000.429	81.057.224.543.541
99986	9.991.241	9.980.301	99.715.592.543.541	9.994.883	9.989.927	99.848.151.543.541	9.997.367	9.982.323	99.796.946.543.541	9.999.879	9.978.979	99.788.582.543.541
99987	9.993.111	9.986.131	99.792.515.543.541	9.995.343	9.980.987	99.763.388.543.541	9.997.987	9.982.343	99.803.335.543.541	9.990.599	9.981.859	99.724.750.543.541
99988	9.993.101	9.986.441	99.795.513.543.541	9.995.413	9.985.057	99.804.768.543.541	9.997.707	9.984.063	99.817.736.543.541	9.991.479	9.987.379	99.788.687.543.541
99989	9.994.811	9.980.431	99.752.521.543.541	9.996.393	9.989.037	99.854.339.543.541	9.997.447	9.989.603	99.870.526.543.541	9.991.349	9.988.609	99.799.678.543.541
99990	9.994.051	9.989.991	99.840.479.543.541	9.997.303	9.980.147	99.774.553.543.541	9.998.637	9.981.993	99.806.324.543.541	9.991.389	9.989.369	99.807.671.543.541
99991	9.998.631	9.980.611	99.792.446.543.541	9.998.363	9.985.007	99.833.724.543.541	9.998.517	9.985.473	99.839.921.543.541	9.994.439	9.982.819	99.772.675.543.541
99992	9.998.941	9.980.601	99.795.440.543.541	9.999.853	9.982.697	99.825.502.543.541	9.999.857	9.982.213	99.820.702.543.541	9.995.319	9.981.939	99.772.664.543.541
99993	9.990.331	9.992.911	99.832.488.543.541	9.999.023	9.983.067	99.820.916.543.541	9.999.357	9.986.713	99.860.708.543.541	9.995.019	9.986.239	99.812.648.543.541
99994	9.992.911	9.990.331	99.832.488.543.541	9.990.933	9.994.977	99.859.145.543.541	9.992.407	9.991.763	99.841.762.543.541	9.997.379	9.981.479	99.788.628.543.541
99995	9.993.161	9.997.581	99.907.436.543.541	9.990.683	9.999.727	99.904.102.543.541	9.992.177	9.992.133	99.843.161.543.541	9.998.299	9.986.159	99.844.603.543.541
99996	9.994.241	9.997.301	99.915.435.543.541	9.991.763	9.992.407	99.841.762.543.541	9.993.537	9.995.893	99.894.326.543.541	9.999.769	9.988.989	99.887.582.543.541
99997	9.994.071	9.999.571	99.936.422.543.541	9.991.623	9.997.667	99.892.919.543.541	9.994.977	9.990.933	99.859.145.543.541	9.990.259	9.998.199	99.884.597.543.541
99998	9.995.571	9.998.071	99.936.428.543.541	9.992.133	9.992.177	99.843.161.543.541	9.994.597	9.996.753	99.913.517.543.541	9.991.809	9.996.149	99.879.611.543.541
99999	9.995.281	9.999.461	99.947.422.543.541	9.992.993	9.999.637	99.926.302.543.541	9.996.937	9.993.293	99.902.320.543.541	9.991.419	9.997.839	99.892.598.543.541
100000	9.996.071	9.997.571	99.936.429.543.541	9.993.293	9.996.937	99.902.320.543.541	9.996.007	9.999.363	99.953.702.543.541	9.996.149	9.991.809	99.879.611.543.541
100001	9.997.581	9.993.161	99.907.436.543.541	9.993.443	9.998.087	99.915.312.543.541	9.996.997	9.999.153	99.961.502.543.541	9.997.839	9.991.419	99.892.598.543.541
100002	9.997.301	9.994.241	99.915.435.543.541	9.995.893	9.993.537	99.894.326.543.541	9.997.667	9.991.623	99.892.919.543.541	9.997.459	9.998.999	99.964.582.543.541
100003	9.997.571	9.996.071	99.936.429.543.541	9.996.753	9.994.597	99.913.517.543.541	9.998.087	9.993.443	99.915.312.543.541	9.998.199	9.990.259	99.884.597.543.541
100004	9.998.071	9.995.571	99.936.428.543.541	9.998.383	9.998.427	99.968.102.543.541	9.998.427	9.998.383	99.968.102.543.541	9.998.999	9.997.459	99.964.582.543.541
100005	9.999.571	9.994.071	99.936.422.543.541	9.999.153	9.996.997	99.961.502.543.541	9.999.727	9.990.683	99.904.102.543.541	9.998.089	9.998.669	99.967.582.543.541
100006	9.999.461	9.995.281	99.947.422.543.541	9.999.363	9.996.007	99.953.702.543.541	9.999.637	9.992.993	99.926.302.543.541	9.998.669	9.998.089	99.967.582.543.541

Abb. 3.2: Vollständige *Excel*-Liste für sieben Endziffern, erstellt auf Basis der Liste für sechs Endziffern, Basisdaten mit vorangestellten Ziffern v_1 und v_2

	Y	Z	AA	AB	AC	AD	AE	AF	AG	AH	AI	AJ	AK
1	25	26	27	28	29	30	31	32	33	34	35	36	37
2							Mit Doppelten				Start:	11:57:20	
3				0 = Letzte EZ-Ziffern			Unsortiert				Ende:	12:05:24	
4				0 = Faktor		$f_1 = \ldots 3 \mid f_2 = \ldots 7$	identisch $f_1 = \ldots 7 \mid f_2 = \ldots 3$				Dauer:	00:08:04 h	
5		Anzahl:	1.000.000			1.000.000			1.000.000			1.000.000	4.000.000
6	$f_1 = \ldots 1$	$f_2 = \ldots 1$	$EZ = f_1 \cdot f_2$	$f_1 = \ldots 3$	$f_2 = \ldots 7$	$EZ = f_1 \cdot f_2$	$f_1 = \ldots 7$	$f_2 = \ldots 3$	$EZ = f_1 \cdot f_2$	$f_1 = \ldots 9$	$f_2 = \ldots 9$	$EZ = f_1 \cdot f_2$	
7	5.271	28.371	149.543.541	2.333	8.377	19.543.541	8.377	2.333	19.543.541	2.429	3.929	9.543.541	
8	661	90.081	59.543.541	8.543	22.187	189.543.541	3.607	10.963	39.543.541	3.929	2.429	9.543.541	
9	12.741	18.801	239.543.541	1.983	30.027	59.543.541	9.457	15.813	149.543.541	5.949	10.009	59.543.541	
10	13.351	18.691	249.543.541	1.933	35.977	69.543.541	347	27.503	9.543.541	8.249	55.709	459.543.541	
11	18.801	12.741	239.543.541	4.053	36.897	149.543.541	2.047	24.203	49.543.541	2.259	66.199	149.543.541	
12	18.691	13.351	249.543.541	9.073	34.117	309.543.541	5.477	36.433	199.543.541	3.699	64.759	239.543.541	
13	14.311	20.931	299.543.541	2.173	64.217	139.543.541	6.267	38.223	239.543.541	6.949	69.009	479.543.541	
14	12.651	47.391	599.543.541	8.073	63.117	509.543.541	2.157	41.513	89.543.541	8.439	88.819	749.543.541	
15	18.741	52.801	989.543.541	3.903	76.747	299.543.541	3.087	48.443	149.543.541	5.589	91.169	509.543.541	
16	19.511	71.731	1.399.543.541	7.013	72.657	509.543.541	6.977	42.933	299.543.541	10.009	5.949	59.543.541	
999985	9.977.001	9.986.541	99.635.729.543.541	9.981.263	9.926.907	99.083.069.543.541	9.976.997	9.979.153	99.561.979.543.541	9.974.589	9.942.169	99.169.049.543.541	
999986	9.980.081	9.910.661	98.909.199.543.541	9.982.563	9.931.207	99.138.899.543.541	9.972.497	9.999.653	99.721.509.543.541	9.977.069	9.947.689	99.248.779.543.541	
999987	9.984.591	9.923.451	99.081.599.543.541	9.989.553	9.947.397	99.370.049.543.541	9.975.797	9.997.953	99.737.549.543.541	9.977.299	9.947.159	99.245.779.543.541	
999988	9.989.121	9.932.021	99.212.159.543.541	9.984.203	9.962.047	99.463.099.543.541	9.986.147	9.903.303	98.895.839.543.541	9.972.809	9.955.149	99.280.799.543.541	
999989	9.989.871	9.943.771	99.336.989.543.541	9.986.183	9.960.227	99.464.649.543.541	9.981.127	9.930.083	99.113.419.543.541	9.975.449	9.960.509	99.360.549.543.541	
999990	9.980.261	9.958.481	99.388.239.543.541	9.996.553	9.904.397	99.009.829.543.541	9.982.977	9.938.933	99.220.139.543.541	9.970.269	9.978.489	99.488.219.543.541	
999991	9.983.991	9.960.051	99.441.059.543.541	9.997.983	9.906.027	99.040.289.543.541	9.983.367	9.948.323	99.317.759.543.541	9.978.489	9.970.269	99.488.219.543.541	
999992	9.987.231	9.964.011	99.512.879.543.541	9.998.263	9.913.907	99.121.849.543.541	9.982.377	9.956.333	99.387.869.543.541	9.979.069	9.985.689	99.647.879.543.541	
999993	9.987.671	9.965.971	99.536.839.543.541	9.998.243	9.914.887	99.131.449.543.541	9.981.257	9.969.613	99.509.269.543.541	9.971.629	9.994.729	99.663.729.543.541	
999994	9.986.541	9.977.001	99.635.729.543.541	9.995.313	9.933.957	99.293.009.543.541	9.988.657	9.963.013	99.517.119.543.541	9.983.469	9.909.289	98.929.079.543.541	
999995	9.987.701	9.987.841	99.755.569.543.541	9.999.423	9.931.467	99.308.939.543.541	9.984.187	9.990.543	99.747.449.543.541	9.986.419	9.902.839	98.893.899.543.541	
999996	9.987.841	9.987.701	99.755.569.543.541	9.995.753	9.943.597	99.393.739.543.541	9.989.037	9.996.393	99.854.339.543.541	9.981.169	9.915.589	98.969.169.543.541	
999997	9.989.991	9.994.051	99.840.479.543.541	9.993.023	9.957.067	99.501.199.543.541	9.992.987	9.927.343	99.203.809.543.541	9.980.489	9.928.269	99.088.979.543.541	
999998	9.994.411	9.908.831	99.032.929.543.541	9.996.913	9.951.557	99.484.849.543.541	9.996.097	9.923.253	99.193.799.543.541	9.981.259	9.947.199	99.285.569.543.541	
999999	9.991.561	9.911.181	99.028.169.543.541	9.997.843	9.958.487	99.563.389.543.541	9.991.927	9.936.883	99.288.609.543.541	9.987.349	9.952.609	99.400.179.543.541	
1000000	9.993.051	9.930.991	99.240.899.543.541	9.993.733	9.961.777	99.555.339.543.541	9.997.827	9.935.783	99.336.239.543.541	9.985.689	9.979.069	99.647.879.543.541	
1000001	9.996.301	9.935.241	99.315.659.543.541	9.994.523	9.963.567	99.581.099.543.541	9.990.927	9.965.883	99.568.409.543.541	9.981.309	9.986.649	99.679.829.543.541	
1000002	9.997.741	9.933.801	99.315.569.543.541	9.997.953	9.975.797	99.737.549.543.541	9.995.947	9.963.103	99.590.649.543.541	9.981.199	9.987.259	99.684.819.543.541	
1000003	9.991.751	9.944.291	99.360.879.543.541	9.999.653	9.972.497	99.721.509.543.541	9.998.067	9.964.023	99.620.969.543.541	9.986.649	9.981.309	99.679.829.543.541	
1000004	9.994.051	9.989.991	99.840.479.543.541	9.990.543	9.984.187	99.747.449.543.541	9.998.017	9.969.973	99.679.959.543.541	9.987.259	9.981.199	99.684.819.543.541	
1000005	9.996.071	9.997.571	99.936.429.543.541	9.996.393	9.989.037	99.854.339.543.541	9.991.457	9.977.813	99.692.889.543.541	9.999.339	9.909.919	99.092.639.543.541	
1000006	9.997.571	9.996.071	99.936.429.543.541	9.991.623	9.997.667	99.892.919.543.541	9.997.667	9.991.623	99.892.919.543.541	9.994.729	9.971.629	99.663.729.543.541	jEnde

Abb. 3.3: Vollständige *Excel*-Liste für sieben Endziffern, erstellt auf Basis der Liste für sechs Endziffern, gefundene Varianten

3.4 *Excel*-Liste für sieben Endziffern ohne getauschte Faktoren, erstellt auf Basis der Liste für sechs Endziffern

```vba
Const FZEZ As Long = 9: Const ZeK As Long = 6
Const SpL1 As Long = 15: Const SpS1 As Long = 27
Const SpL2 As Long = 18: Const SpS2 As Long = 30
Const SpL3 As Long = 21: Const SpS3 As Long = 33
Const SpL4 As Long = 24: Const SpS4 As Long = 36

Sub ergänzeFührendeZiffern()                    'Liste ohne Doppelte
  Dim EZ As LongLong, EZa As LongLong, _
      F1 As LongLong, F2 As LongLong, _
      FZF1 As LongLong, FZF2 As LongLong, _
      FZEZr As Long, FZEZv As Double, _
      n As Long, _
      Ze As Long, ZeE As Long, _
       ZeS1 As Long, ZeS2 As Long, ZeS3 As Long, ZeS4 As Long, _
      ZiAnFa As Long, ZiAnFa1 As Long
  Debug.Print "'Start:", Now
  On Error GoTo Fehler
  Cells(ZeK - 4, 36) = Now
  EZ = Cells(3, 3): ZiAnFa = Cells(4, 3)
  ZiAnFa1 = ZiAnFa * 10: EZa = FZEZ * ZiAnFa + EZ
  Debug.Print "'FZEZ ="; FZEZ; "  ZiAnFa1 ="; ZiAnFa1; "  EZa ="; EZa
  ZeS1 = ZeK: ZeS2 = ZeK: ZeS3 = ZeK: ZeS4 = ZeK
  Cells(ZeK - 3, SpS1) = EZa: Cells(ZeK - 2, SpS1) = ZiAnFa1
  ZeE = Cells(ZeK - 1, 3) + ZeK
  n = 0
  Debug.Print "'FZF1 = ";
  For FZF1 = 0 To 9
    Cells(ZeK - 1, SpL1 - 2) = FZF1
    Debug.Print FZF1 & ", ";
    For FZF2 = FZF1 To 9           'Doppelte mit F1 > F2 ausgeschlossen
     aktualisieren 1
     Cells(ZeK - 1, SpL1 - 1) = FZF2
     aktualisieren 0
     For Ze = ZeK + 1 To ZeE
       FZEZv = Cells(Ze, SpL1) / ZiAnFa1
       FZEZv = FZEZv - Int(FZEZv)
       FZEZr = Int(FZEZv * 10)
       If FZEZr = FZEZ Then
         F1 = Cells(Ze, SpL1 - 2): F2 = Cells(Ze, SpL1 - 1)
         If F1 <= F2 Then                    'Doppelte ausgeschlossen
           ZeS1 = ZeS1 + 1: n = n + 1
           Cells(ZeS1, SpS1 - 2) = F1
           Cells(ZeS1, SpS1 - 1) = F2
           Cells(ZeS1, SpS1) = F1 * F2
         End If
       End If
```

```
      FZEZv = Cells(Ze, SpL4) / ZiAnFa1
      FZEZv = FZEZv - Int(FZEZv)
      FZEZr = Int(FZEZv * 10)
      If FZEZr = FZEZ Then
        F1 = Cells(Ze, SpL4 - 2): F2 = Cells(Ze, SpL4 - 1)
        If F1 <= F2 Then                        'Doppelte ausgeschlossen
          ZeS4 = ZeS4 + 1: n = n + 1
          Cells(ZeS4, SpS4 - 2) = F1
          Cells(ZeS4, SpS4 - 1) = F2
          Cells(ZeS4, SpS4) = F1 * F2
        End If
      End If
    Next Ze
   Next FZF2
 Next FZF1
 For FZF1 = 0 To 9
   Cells(ZeK - 1, SpL1 - 2) = FZF1
   Debug.Print FZF1 & ", ";
   For FZF2 = 0 To 9     'Es ex. keine Doppelten in LZ=3-7, auch nicht in LZ=7-3
    aktualisieren 1
    Cells(ZeK - 1, SpL1 - 1) = FZF2
    aktualisieren 0
    For Ze = ZeK + 1 To ZeE
      FZEZv = Cells(Ze, SpL2) / ZiAnFa1
      FZEZv = FZEZv - Int(FZEZv)
      FZEZr = Int(FZEZv * 10)
      If FZEZr = FZEZ Then
        F1 = Cells(Ze, SpL2 - 2): F2 = Cells(Ze, SpL2 - 1)
         ZeS2 = ZeS2 + 1: n = n + 1
         Cells(ZeS2, SpS2 - 2) = F1
         Cells(ZeS2, SpS2 - 1) = F2
         Cells(ZeS2, SpS2) = F1 * F2
      End If
      FZEZv = Cells(Ze, SpL3) / ZiAnFa1
      FZEZv = FZEZv - Int(FZEZv)
      FZEZr = Int(FZEZv * 10)
      If FZEZr = FZEZ Then
        F1 = Cells(Ze, SpL3 - 2): F2 = Cells(Ze, SpL3 - 1)
         ZeS3 = ZeS3 + 1: n = n + 1
         Cells(ZeS3, SpS3 - 2) = F1
         Cells(ZeS3, SpS3 - 1) = F2
         Cells(ZeS3, SpS3) = F1 * F2
      End If
    Next Ze
   Next FZF2
 Next FZF1
```

```
 aktualisieren 1
 Cells(ZeK - 3, 36) = Now
 Debug.Print
 Debug.Print "'Ende:", Now; " n ="; n;
Exit Sub
Fehler:
 aktualisieren 1
 Debug.Print
 Debug.Print "'Error:", "FZF1 ="; FZF1; " FZF2 ="; FZF2; _
                        " Ze ="; Ze; " FZEZv ="; FZEZv
 Debug.Print "'Ende:", Now;
End Sub '___________________________________________


Sub aktualisiere()
 aktualisieren 1
 Debug.Print "'Aktualisieren eingeschaltet";
End Sub


Sub aktualisieren(ein)      'Schaltet Bildschirmausgabe/Berechnung
 With Application
  If ein = 1 Then
    .ScreenUpdating = True                 'Bildschirmausgabe
    .Calculation = xlCalculationAutomatic 'Berechnung automatisch
  Else
    .ScreenUpdating = False                'Keine Bildschirmausgabe
    .Calculation = xlCalculationManual     'Berechnung manuell
  End If
 End With
End Sub '___________________________________________
```

Protokoll:
```
'Start:     23.07.2023 19:37:06
'FZEZ = 9  ZiAnFa1 = 10000000  EZa = 9543541
'FZF1 = 0, 1, 2, 3, 4, 5, 6, 7, 8, 9, 0, 1, 2, 3, 4, 5, 6, 7, 8, 9,
'Ende:      23.07.2023 19:43:55  n = 3000000
```

Formeln

[M7] =$M$5*$C$4+A7;	kopiert in Spalten P, S und V bis Zeile 100.006.
[N7] =$N$5*$C$4+B7;	kopiert in Spalten Q, T und W bis Zeile 100.006.
[O7] =M7*N7;	kopiert in Spalten R, U und X bis Zeile 100.006.

	A	B	C	D	E	F	G	H	I	J	K	L
1	RSA-129-Faktorisierung			4	5	6	7	8	9	10	11	12
2	Bestimmung der letzten Ziffer von f_1 & f_2 für:					Basisdaten aus: *PrimFaRSA-129 6Zi LZ=1-9_VBAmDoScrSh.xlsb*						
3		Eingabe:	543.541 = EndZiffern			Mit Doppelten						
4			1.000.000 = Faktor									
5		Anzahl:	100.000									
6	$f_1=...1$	$f_2=...1$	EZ$=f_1\cdot f_2$	$f_1=...3$	$f_2=...7$	EZ$=f_1\cdot f_2$	$f_1=...7$	$f_2=...3$	EZ$=f_1\cdot f_2$	$f_1=...9$	$f_2=...9$	EZ$=f_1\cdot f_2$
7	1.331	1.911	2.543.541	363	7.007	2.543.541	637	3.993	2.543.541	539	4.719	2.543.541
8	1.911	1.331	2.543.541	273	9.317	2.543.541	847	3.003	2.543.541	429	5.929	2.543.541
9	1.001	2.541	2.543.541	1.573	1.617	2.543.541	1.617	1.573	2.543.541	1.929	4.429	8.543.541
10	1.801	9.741	17.543.541	1.913	6.557	12.543.541	3.247	5.403	17.543.541	2.429	3.929	9.543.541
11	2.541	1.001	2.543.541	2.333	8.377	19.543.541	4.107	6.463	26.543.541	2.699	5.759	15.543.541
12	2.161	8.581	18.543.541	3.003	847	2.543.541	6.557	1.913	12.543.541	2.419	6.839	16.543.541
13	3.851	8.191	31.543.541	3.993	637	2.543.541	6.707	3.063	20.543.541	3.929	2.429	9.543.541
14	8.581	2.161	18.543.541	3.063	6.707	20.543.541	7.007	363	2.543.541	4.719	539	2.543.541
15	8.191	3.851	31.543.541	5.403	3.247	17.543.541	7.867	7.823	61.543.541	4.429	1.929	8.543.541
16	9.741	1.801	17.543.541	5.023	9.067	45.543.541	8.377	2.333	19.543.541	5.929	429	2.543.541
99991	998.631	980.611	979.268.543.541	998.363	985.007	983.394.543.541	998.517	985.473	984.011.543.541	994.439	982.819	977.353.543.541
99992	998.941	980.601	979.562.543.541	999.853	982.697	982.552.543.541	999.857	982.213	982.072.543.541	995.319	981.939	977.342.543.541
99993	990.331	992.911	983.310.543.541	999.023	983.067	982.106.543.541	999.357	986.713	986.078.543.541	995.019	986.239	981.326.543.541
99994	992.911	990.331	983.310.543.541	990.933	994.977	985.955.543.541	992.407	991.763	984.232.543.541	997.379	981.479	978.906.543.541
99995	993.161	997.581	990.758.543.541	990.683	999.727	990.412.543.541	992.177	992.133	984.371.543.541	998.299	986.159	984.481.543.541
99996	994.241	997.301	991.557.543.541	991.763	992.407	984.232.543.541	993.537	995.893	989.456.543.541	999.769	988.989	988.760.543.541
99997	994.071	999.571	993.644.543.541	991.623	997.667	989.309.543.541	994.977	990.933	985.955.543.541	990.259	998.199	988.475.543.541
99998	995.571	998.071	993.650.543.541	992.133	992.177	984.371.543.541	994.597	996.753	991.367.543.541	991.809	996.149	987.989.543.541
99999	995.281	999.461	994.744.543.541	992.993	999.637	992.632.543.541	996.937	993.293	990.250.543.541	991.419	997.839	989.276.543.541
100000	996.071	997.571	993.651.543.541	993.293	996.937	990.250.543.541	996.007	999.363	995.372.543.541	996.149	991.809	987.989.543.541
100001	997.581	993.161	990.758.543.541	993.443	998.087	991.542.543.541	996.997	999.153	996.152.543.541	997.839	991.419	989.276.543.541
100002	997.301	994.241	991.557.543.541	995.893	993.537	989.456.543.541	997.667	991.623	989.309.543.541	997.459	998.999	996.460.543.541
100003	997.571	996.071	993.651.543.541	996.753	994.597	991.367.543.541	998.087	993.443	991.542.543.541	998.199	990.259	988.475.543.541
100004	998.071	995.571	993.650.543.541	998.383	998.427	996.812.543.541	998.427	998.383	996.812.543.541	998.999	997.459	996.460.543.541
100005	999.571	994.071	993.644.543.541	999.153	996.997	996.152.543.541	999.727	990.683	990.412.543.541	998.089	998.669	996.760.543.541
100006	999.461	995.281	994.744.543.541	999.363	996.007	995.372.543.541	999.637	992.993	992.632.543.541	998.669	998.089	996.760.543.541

Abb. 4.1: *Excel*-Liste für sieben Endziffern **ohne** getauschte Faktoren, erstellt auf Basis der Liste für sechs Endziffern, Liste der Basisdaten

	M	N	O	P	Q	R	S	T	U	V	W	X
1	13	14	15	16	17	18	19	20	21	22	23	24
2												
3	Vorangestellte Ziffer		543.541 = EndZiffern				Mit Doppelten					
4	v_1	v_2	1.000.000 = Faktor									
5	9	9	100.000 = Anzahl									
6	$f_1 = \ldots1$	$f_2 = \ldots1$	$EZ = f_1 \cdot f_2$	$f_1 = \ldots3$	$f_2 = \ldots7$	$EZ = f_1 \cdot f_2$	$f_1 = \ldots7$	$f_2 = \ldots3$	$EZ = f_1 \cdot f_2$	$f_1 = \ldots9$	$f_2 = \ldots9$	$EZ = f_1 \cdot f_2$
7	9.001.331	9.001.911	81.029.180.543.541	9.000.363	9.007.007	81.066.332.543.541	9.000.637	9.003.993	81.041.672.543.541	9.000.539	9.004.719	81.047.324.543.541
8	9.001.911	9.001.331	81.029.180.543.541	9.000.273	9.009.317	81.086.312.543.541	9.000.847	9.003.003	81.034.652.543.541	9.000.429	9.005.929	81.057.224.543.541
9	9.001.001	9.002.541	81.031.880.543.541	9.001.573	9.001.617	81.028.712.543.541	9.001.617	9.001.573	81.028.712.543.541	9.001.929	9.004.429	81.057.230.543.541
10	9.001.801	9.009.741	81.103.895.543.541	9.001.913	9.006.557	81.076.242.543.541	9.003.247	9.005.403	81.077.867.543.541	9.002.429	9.003.929	81.057.231.543.541
11	9.002.541	9.001.001	81.031.880.543.541	9.002.333	9.008.377	81.096.409.543.541	9.004.107	9.006.463	81.095.156.543.541	9.002.699	9.005.759	81.076.137.543.541
12	9.002.161	9.008.581	81.096.696.543.541	9.003.003	9.000.847	81.034.652.543.541	9.006.557	9.001.913	81.076.242.543.541	9.002.419	9.006.839	81.083.338.543.541
13	9.003.851	9.008.191	81.108.409.543.541	9.003.993	9.000.637	81.041.672.543.541	9.006.707	9.003.063	81.087.950.543.541	9.003.929	9.002.429	81.057.231.543.541
14	9.008.581	9.002.161	81.096.696.543.541	9.003.063	9.006.707	81.087.950.543.541	9.007.007	9.000.363	81.066.332.543.541	9.004.719	9.000.539	81.047.324.543.541
15	9.008.191	9.003.851	81.108.409.543.541	9.005.403	9.003.247	81.077.867.543.541	9.007.867	9.007.823	81.141.271.543.541	9.004.429	9.001.929	81.057.230.543.541
16	9.009.741	9.001.801	81.103.895.543.541	9.005.023	9.009.067	81.126.855.543.541	9.008.377	9.002.333	81.096.409.543.541	9.005.929	9.000.429	81.057.224.543.541
99986	9.991.241	9.980.301	99.715.592.543.541	9.994.883	9.989.927	99.848.151.543.541	9.997.367	9.982.323	99.796.946.543.541	9.999.879	9.978.979	99.788.582.543.541
99987	9.993.111	9.986.131	99.792.515.543.541	9.995.343	9.980.987	99.763.388.543.541	9.997.987	9.982.343	99.803.335.543.541	9.990.599	9.981.859	99.724.750.543.541
99988	9.993.101	9.986.441	99.795.513.543.541	9.995.413	9.985.057	99.804.768.543.541	9.997.707	9.984.063	99.817.736.543.541	9.991.479	9.987.379	99.788.687.543.541
99989	9.994.811	9.980.431	99.752.521.543.541	9.996.393	9.989.037	99.854.339.543.541	9.997.447	9.989.603	99.870.526.543.541	9.991.349	9.988.609	99.799.678.543.541
99990	9.994.051	9.989.991	99.840.479.543.541	9.997.303	9.980.147	99.774.553.543.541	9.998.637	9.981.993	99.806.324.543.541	9.991.389	9.989.369	99.807.671.543.541
99991	9.998.631	9.980.611	99.792.446.543.541	9.998.363	9.985.007	99.833.724.543.541	9.998.517	9.985.473	99.839.921.543.541	9.994.439	9.982.819	99.772.675.543.541
99992	9.998.941	9.980.601	99.795.440.543.541	9.999.853	9.982.697	99.825.502.543.541	9.999.857	9.982.213	99.820.702.543.541	9.995.319	9.981.939	99.772.664.543.541
99993	9.990.331	9.992.911	99.832.488.543.541	9.999.023	9.983.067	99.820.916.543.541	9.999.357	9.986.713	99.860.708.543.541	9.995.019	9.986.239	99.812.648.543.541
99994	9.992.911	9.990.331	99.832.488.543.541	9.990.933	9.994.977	99.859.145.543.541	9.992.407	9.991.763	99.841.762.543.541	9.997.379	9.981.479	99.788.628.543.541
99995	9.993.161	9.997.581	99.907.436.543.541	9.990.683	9.999.727	99.904.102.543.541	9.992.177	9.992.133	99.843.161.543.541	9.998.299	9.986.159	99.844.603.543.541
99996	9.994.241	9.997.301	99.915.435.543.541	9.991.763	9.992.407	99.841.762.543.541	9.993.537	9.995.893	99.894.326.543.541	9.999.769	9.988.989	99.887.582.543.541
99997	9.994.071	9.999.571	99.936.422.543.541	9.991.623	9.997.667	99.892.919.543.541	9.994.977	9.990.933	99.859.145.543.541	9.990.259	9.998.199	99.884.597.543.541
99998	9.995.571	9.998.071	99.936.428.543.541	9.992.133	9.992.177	99.843.161.543.541	9.994.597	9.996.753	99.913.517.543.541	9.991.809	9.996.149	99.879.611.543.541
99999	9.995.281	9.999.461	99.947.422.543.541	9.992.993	9.999.637	99.926.302.543.541	9.996.937	9.993.293	99.902.320.543.541	9.991.419	9.997.839	99.892.598.543.541
100000	9.996.071	9.997.571	99.936.429.543.541	9.993.293	9.996.937	99.902.320.543.541	9.996.007	9.999.363	99.953.702.543.541	9.996.149	9.991.809	99.879.611.543.541
100001	9.997.581	9.993.161	99.907.436.543.541	9.993.443	9.998.087	99.915.312.543.541	9.996.997	9.999.153	99.961.502.543.541	9.997.839	9.991.419	99.892.598.543.541
100002	9.997.301	9.994.241	99.915.435.543.541	9.995.893	9.993.537	99.894.326.543.541	9.997.667	9.991.623	99.892.919.543.541	9.997.459	9.998.999	99.964.582.543.541
100003	9.997.571	9.996.071	99.936.429.543.541	9.996.753	9.994.597	99.913.517.543.541	9.998.087	9.993.443	99.915.312.543.541	9.998.199	9.990.259	99.884.597.543.541
100004	9.998.071	9.995.571	99.936.428.543.541	9.998.383	9.998.427	99.968.102.543.541	9.998.427	9.998.383	99.968.102.543.541	9.998.999	9.997.459	99.964.582.543.541
100005	9.999.571	9.994.071	99.936.422.543.541	9.999.153	9.996.997	99.961.502.543.541	9.999.727	9.990.683	99.904.102.543.541	9.998.089	9.998.669	99.967.582.543.541
100006	9.999.461	9.995.281	99.947.422.543.541	9.999.363	9.996.007	99.953.702.543.541	9.999.637	9.992.993	99.926.302.543.541	9.998.669	9.998.089	99.967.582.543.541

Abb. 4.2: *Excel*-Liste für sieben Endziffern **ohne** getauschte Faktoren, erstellt auf Basis der Liste für sechs Endziffern, Basisdaten mit vorangestellter Ziffer

#	Y	Z	AA	AB	AC	AD	AE	AF	AG	AH	AI	AJ	AK
1	25	26	27	28	29	30	31	32	33	34	35	36	37
2											Start:	19:37:06	
3			9.543.541 = EndZiffern				Unsortiert				Ende:	19:43:55	
4	Ohne		10.000.000 = Faktor			$f_1=...3 \mid f_2=...7$	identisch $f_1=...7 \mid f_2=...3$			Ohne	Dauer:	00:06:49 h	
5	Doppelte	Anzahl:	500.000			1.000.000			1.000.000	Doppelte		500.000	3.000.000
6	$f_1=...1$	$f_2=...1$	EZ$=f_1 \cdot f_2$	$f_1=...3$	$f_2=...7$	EZ$=f_1 \cdot f_2$	$f_1=...7$	$f_2=...3$	EZ$=f_1 \cdot f_2$	$f_1=...9$	$f_2=...9$	EZ$=f_1 \cdot f_2$	
7	5.271	28.371	149.543.541	2.333	8.377	19.543.541	8.377	2.333	19.543.541	2.429	3.929	9.543.541	
8	661	90.081	59.543.541	8.543	22.187	189.543.541	3.607	10.963	39.543.541	5.949	10.009	59.543.541	
9	12.741	18.801	239.543.541	1.983	30.027	59.543.541	9.457	15.813	149.543.541	8.249	55.709	459.543.541	
10	13.351	18.691	249.543.541	1.933	35.977	69.543.541	347	27.503	9.543.541	2.259	66.199	149.543.541	
11	14.311	20.931	299.543.541	4.053	36.897	149.543.541	2.047	24.203	49.543.541	3.699	64.759	239.543.541	
12	12.651	47.391	599.543.541	9.073	34.117	309.543.541	5.477	36.433	199.543.541	6.949	69.009	479.543.541	
13	18.741	52.801	989.543.541	2.173	64.217	139.543.541	6.267	38.223	239.543.541	8.439	88.819	749.543.541	
14	19.511	71.731	1.399.543.541	8.073	63.117	509.543.541	2.157	41.513	89.543.541	5.589	91.169	509.543.541	
15	18.831	84.411	1.589.543.541	3.903	76.747	299.543.541	3.087	48.443	149.543.541	12.159	12.299	149.543.541	
16	13.581	97.161	1.319.543.541	7.013	72.657	509.543.541	6.977	42.933	299.543.541	13.459	22.999	309.543.541	
499984	9.932.021	9.989.121	99.212.159.543.541	4.988.433	9.917.477	49.472.669.543.541	4.975.997	9.928.153	49.402.459.543.541	9.925.729	9.940.629	98.667.989.543.541	
499985	9.930.991	9.993.051	99.240.899.543.541	4.989.633	9.914.677	49.470.599.543.541	4.976.167	9.925.123	49.389.069.543.541	9.926.999	9.949.459	98.768.269.543.541	
499986	9.933.801	9.997.741	99.315.569.543.541	4.982.483	9.925.527	49.453.769.543.541	4.979.707	9.946.063	49.528.479.543.541	9.927.819	9.949.439	98.776.229.543.541	
499987	9.935.241	9.996.301	99.315.659.543.541	4.987.023	9.931.067	49.526.459.543.541	4.970.957	9.962.313	49.522.229.543.541	9.929.359	9.943.099	98.728.599.543.541	
499988	9.940.281	9.954.461	98.950.139.543.541	4.984.043	9.942.687	49.554.779.543.541	4.979.957	9.981.313	49.706.509.543.541	9.929.979	9.948.879	98.792.159.543.541	
499989	9.940.791	9.955.251	98.963.069.543.541	4.980.193	9.954.837	49.577.009.543.541	4.985.767	9.902.723	49.372.669.543.541	9.920.969	9.971.789	98.929.809.543.541	
499990	9.947.641	9.959.901	99.077.519.543.541	4.987.963	9.950.607	49.633.259.543.541	4.982.247	9.934.403	49.495.649.543.541	9.928.269	9.980.489	99.088.979.543.541	
499991	9.943.191	9.968.851	99.122.189.543.541	4.981.313	9.979.957	49.713.289.543.541	4.987.877	9.946.833	49.613.579.543.541	9.936.379	9.942.479	98.792.239.543.541	
499992	9.943.771	9.989.871	99.336.989.543.541	4.985.403	9.983.247	49.770.509.543.541	4.989.697	9.956.853	49.681.679.543.541	9.944.959	9.951.499	98.967.249.543.541	
499993	9.944.291	9.991.751	99.360.879.543.541	4.981.993	9.998.637	49.813.139.543.541	4.984.307	9.964.663	49.666.939.543.541	9.940.239	9.961.019	99.014.909.543.541	
499994	9.952.101	9.967.441	99.196.979.543.541	4.987.193	9.991.837	49.831.219.543.541	4.988.707	9.965.063	49.712.779.543.541	9.942.169	9.974.589	99.169.049.543.541	
499995	9.953.141	9.974.401	99.276.619.543.541	4.991.363	9.908.007	49.454.459.543.541	4.983.247	9.985.403	49.759.729.543.541	9.947.159	9.977.299	99.245.779.543.541	
499996	9.956.271	9.977.371	99.337.409.543.541	4.992.343	9.907.987	49.464.069.543.541	4.985.007	9.998.363	49.841.909.543.541	9.947.689	9.977.069	99.248.779.543.541	
499997	9.958.481	9.980.261	99.388.239.543.541	4.995.603	9.903.447	49.473.689.543.541	4.991.637	9.904.993	49.442.129.543.541	9.947.199	9.981.259	99.285.569.543.541	
499998	9.965.421	9.975.721	99.412.259.543.541	4.993.363	9.930.007	49.584.129.543.541	4.994.587	9.904.943	49.471.099.543.541	9.955.149	9.972.809	99.280.799.543.541	
499999	9.960.051	9.983.991	99.441.059.543.541	4.998.053	9.930.897	49.635.149.543.541	4.998.417	9.902.373	49.496.189.543.541	9.952.609	9.987.349	99.400.179.543.541	
500000	9.964.011	9.987.231	99.512.879.543.541	4.992.223	9.940.267	49.624.029.543.541	4.996.697	9.913.853	49.536.519.543.541	9.965.469	9.967.289	99.328.709.543.541	
500001	9.965.971	9.987.671	99.536.839.543.541	4.995.803	9.953.647	49.726.459.543.541	4.993.637	9.926.993	49.571.799.543.541	9.960.509	9.975.449	99.360.549.543.541	
500002	9.975.781	9.978.961	99.547.929.543.541	4.999.483	9.952.527	49.757.489.543.541	4.998.577	9.926.533	49.618.539.543.541	9.970.269	9.978.489	99.488.219.543.541	
500003	9.977.001	9.986.541	99.635.729.543.541	4.999.893	9.957.537	49.786.619.543.541	4.996.637	9.959.993	49.766.469.543.541	9.979.069	9.985.689	99.647.879.543.541	
500004	9.987.701	9.987.841	99.755.569.543.541	4.994.333	9.960.377	49.745.439.543.541	4.998.507	9.976.863	49.869.419.543.541	9.971.629	9.994.729	99.663.729.543.541	
500005	9.989.991	9.994.051	99.840.479.543.541	4.996.363	9.963.007	49.778.799.543.541	4.991.837	9.987.193	49.854.439.543.541	9.981.309	9.986.649	99.679.829.543.541	
500006	9.996.071	9.997.571	99.936.429.543.541	4.998.363	9.985.007	49.908.689.543.541	4.998.637	9.981.993	49.896.359.543.541	9.981.199	9.987.259	99.684.819.543.541	

Abb. 4.3: *Excel*-Liste für sieben Endziffern **ohne** getauschte Faktoren, erstellt auf Basis der Liste für sechs Endziffern, 23 Varianten nahe Tabellenende

3.5 *Excel*-Liste für sieben Endziffern mit getauschten Faktoren, erstellt auf Basis der Liste für sechs Endziffern, alternative Programmversion

Diese Programmversion nutzt die Regeln[1] $v_1 + v_2$ = konstant für Typ (a) und Typ (d)

$$v_1 - v_2 = \text{konstant für Typ (b) und Typ (c)}$$

```
Const FZEZ As Long = 9:Const ZeK As Long = 6
Const SpL1 As Long = 15: Const SpS1 As Long = 27
Const SpL2 As Long = 18: Const SpS2 As Long = 30
Const SpL3 As Long = 21: Const SpS3 As Long = 33
Const SpL4 As Long = 24: Const SpS4 As Long = 36

Sub ergänzeFührendeZiffer()
  Dim EZ As LongLong, EZa As LongLong, _
      F11 As LongLong, _
       F12 As LongLong, F13 As LongLong, F14 As LongLong, _
      F21 As LongLong, _
       F22 As LongLong, F23 As LongLong, F24 As LongLong, _
      FZF1 As LongLong, FZF2 As LongLong, _
      FZEZr As Long, FZEZv As Double, _
      i As Integer, _
      n As Long, _
      Ze As Long, ZeE As Long, _
       ZeS1 As Long, ZeS2 As Long, ZeS3 As Long, ZeS4 As Long, _
       ZiAnFa As LongLong, ZiAnFa1 As LongLong
  Debug.Print "'Start:", Now
  On Error GoTo Fehler
  Cells(2, 36) = Now
  EZ = Cells(3, 3): ZiAnFa = Cells(4, 3)
  ZiAnFa1 = ZiAnFa * 10: EZa = FZEZ * ZiAnFa + EZ
  Debug.Print "FZEZ ="; FZEZ; " ZiAnFa1 ="; ZiAnFa1; " EZa ="; EZa
  ZeS1 = ZeK: ZeS2 = ZeK: ZeS3 = ZeK: ZeS4 = ZeK:
  Cells(ZeK - 3, SpS1) = EZa: Cells(ZeK - 2, SpS1) = ZiAnFa1
  ZeE = Cells(ZeK - 1, SpL1 - 12) + ZeK
  n = 0: FZF1 = 0
  Debug.Print "'FZF2 = ";
  Cells(ZeK - 1, SpL1 - 2) = FZF1
  For FZF2 = 0 To 9
    aktualisieren 1
    Cells(ZeK - 1, SpL1 - 1) = FZF2
    Debug.Print FZF2 & ", ";
    aktualisieren 0
    For Ze = ZeK + 1 To ZeE
      FZEZv = Cells(Ze, SpL1) / ZiAnFa1
      FZEZv = FZEZv - Int(FZEZv)
      FZEZr = Int(FZEZv * 10)
      If FZEZr = FZEZ Then
        F11 = Cells(Ze, SpL1 - 2) + ZiAnFa1
```

---

1 Endziffern nach diesen Regeln zwei Ziffern in einem einzigen Schritt voranzustellen ist nicht möglich, weil dadurch 10fache Wiederholungen gelistet werden.

```
F21 = Cells(Ze, SpL1 - 1)
 For i = 0 To 9              'Basiert auf Regel v1 + v2 = konstant
  ZeS1 = ZeS1 + 1: n = n + 1
  F11 = F11 - ZiAnFa: F21 = F21 + ZiAnFa
  If F21 > ZiAnFa1 Then F21 = F21 - ZiAnFa1
  Cells(ZeS1, SpS1 - 2) = F11
  Cells(ZeS1, SpS1 - 1) = F21
  Cells(ZeS1, SpS1) = F11 * F21
 Next i
End If
FZEZv = Cells(Ze, SpL2) / ZiAnFa1
FZEZv = FZEZv - Int(FZEZv)
FZEZr = Int(FZEZv * 10)
If FZEZr = FZEZ Then
 F12 = Cells(Ze, SpL2 - 2)
 F22 = Cells(Ze, SpL2 - 1)
 For i = 0 To 9           'Basiert auf Regel v2 - v1 = konstant
  ZeS2 = ZeS2 + 1: n = n + 1
  F12 = F12 + ZiAnFa
  If F12 > ZiAnFa1 Then F12 = F12 - ZiAnFa1
  F22 = F22 + ZiAnFa
  If F22 > ZiAnFa1 Then F22 = F22 - ZiAnFa1
  Cells(ZeS2, SpS2 - 2) = F12
  Cells(ZeS2, SpS2 - 1) = F22
  Cells(ZeS2, SpS2) = F12 * F22
 Next i
End If
FZEZv = Cells(Ze, SpL3) / ZiAnFa1
FZEZv = FZEZv - Int(FZEZv)
FZEZr = Int(FZEZv * 10)
If FZEZr = FZEZ Then
 F13 = Cells(Ze, SpL3 - 2)
 F23 = Cells(Ze, SpL3 - 1)
 For i = 0 To 9             'Basiert auf Regel v2 - v1 = konstant
  ZeS3 = ZeS3 + 1: n = n + 1
  F13 = F13 + ZiAnFa
  If F13 > ZiAnFa1 Then F13 = F13 - ZiAnFa1
  F23 = F23 + ZiAnFa
  If F23 > ZiAnFa1 Then F23 = F23 - ZiAnFa1
  Cells(ZeS3, SpS3 - 2) = F13
  Cells(ZeS3, SpS3 - 1) = F23
  Cells(ZeS3, SpS3) = F13 * F23
 Next i
End If
FZEZv = Cells(Ze, SpL4) / ZiAnFa1
FZEZv = FZEZv - Int(FZEZv)
FZEZr = Int(FZEZv * 10)
If FZEZr = FZEZ Then
 F14 = Cells(Ze, SpL4 - 2) + ZiAnFa1
 F24 = Cells(Ze, SpL4 - 1)
```

```
      For i = 0 To 9                 'Basiert auf Regel v1 + v2 = konstant
        ZeS4 = ZeS4 + 1: n = n + 1
        F14 = F14 - ZiAnFa: F24 = F24 + ZiAnFa
        If F24 > ZiAnFa1 Then F24 = F24 - ZiAnFa1
        Cells(ZeS4, SpS4 - 2) = F14
        Cells(ZeS4, SpS4 - 1) = F24
        Cells(ZeS4, SpS4) = F14 * F24
      Next i
     End If
    Next Ze
  Next FZF2
  aktualisieren 1
  Cells(3, 36) = Now
  Debug.Print
  Debug.Print "'Ende:", Now; "  n ="; n;
Exit Sub
Fehler:
  aktualisieren 1
  Debug.Print
  Debug.Print "'Error:", "FZF1 ="; FZF1; "  FZF2 ="; FZF2; _
                         "  Ze ="; Ze; "  FZEZv ="; FZEZv
  Debug.Print "'Ende:", Now;
End Sub

Sub aktualisiere()
  aktualisieren 1
  Debug.Print "'Aktualisieren eingeschaltet";
End Sub

Sub aktualisieren(ein)        'Schaltet Bildschirmausgabe/Berechnung
  With Application
   If ein = 1 Then
     .ScreenUpdating = True                    'Bildschirmausgabe
     .Calculation = xlCalculationAutomatic  'Berechnung automatisch
   Else
     .ScreenUpdating = False                   'Keine Bildschirmausgabe
     .Calculation = xlCalculationManual        'Berechnung manuell
   End If
  End With
End Sub '___________________________________________________
```

Protokoll:
```
 'Start:      21.07.2023 21:26:57
 'FZEZ = 9  ZiAnFa1 = 10000000   EZa = 9543541
 'FZF2 = 0, 1, 2, 3, 4, 5, 6, 7, 8, 9,
 'Ende:       21.07.2023 21:30:39   n = 4000000
```

Formeln
[M7] =A7;   kopiert in Spalten P, S und V bis Zeile 100.006.
[N7] =$N$5*$C$4+B7;   kopiert in Spalten Q, T und W bis Zeile 100.006.
[O7] =M7*N7;   kopiert in Spalten R, U und X bis Zeile 100.006.

	A	B	C	D	E	F	G	H	I	J	K	L
1	RSA-129-Faktorisierung			4	5	6	7	8	9	10	11	12
2	Bestimmung der letzten Ziffer von f_1 & f_2 für:					Basisdaten aus: *PrimFaRSA-129 6Zi LZ=1-9_VBAmDoScrSh.xlsb*						
3	Eingabe:		543.541 = EndZiffern			Mit Doppelten						
4			1.000.000 = Faktor			$f_1 = ...3 \mid f_2 = ...7$ identisch $f_1 = ...7 \mid f_2 = ...3$						
5	Anzahl:		100.000									
6	$f_1 = ...1$	$f_2 = ...1$	$EZ = f_1 \cdot f_2$	$f_1 = ...3$	$f_2 = ...7$	$EZ = f_1 \cdot f_2$	$f_1 = ...7$	$f_2 = ...3$	$EZ = f_1 \cdot f_2$	$f_1 = ...9$	$f_2 = ...9$	$EZ = f_1 \cdot f_2$
7	1.331	1.911	2.543.541	363	7.007	2.543.541	637	3.993	2.543.541	539	4.719	2.543.541
8	1.911	1.331	2.543.541	273	9.317	2.543.541	847	3.003	2.543.541	429	5.929	2.543.541
9	1.001	2.541	2.543.541	1.573	1.617	2.543.541	1.617	1.573	2.543.541	1.929	4.429	8.543.541
10	1.801	9.741	17.543.541	1.913	6.557	12.543.541	3.247	5.403	17.543.541	2.429	3.929	9.543.541
11	2.541	1.001	2.543.541	2.333	8.377	19.543.541	4.107	6.463	26.543.541	2.699	5.759	15.543.541
12	2.161	8.581	18.543.541	3.003	847	2.543.541	6.557	1.913	12.543.541	2.419	6.839	16.543.541
13	3.851	8.191	31.543.541	3.993	637	2.543.541	6.707	3.063	20.543.541	3.929	2.429	9.543.541
14	8.581	2.161	18.543.541	3.063	6.707	20.543.541	7.007	363	2.543.541	4.719	539	2.543.541
15	8.191	3.851	31.543.541	5.403	3.247	17.543.541	7.867	7.823	61.543.541	4.429	1.929	8.543.541
16	9.741	1.801	17.543.541	5.023	9.067	45.543.541	8.377	2.333	19.543.541	5.929	429	2.543.541
99991	998.631	980.611	979.268.543.541	998.363	985.007	983.394.543.541	998.517	985.473	984.011.543.541	994.439	982.819	977.353.543.541
99992	998.941	980.601	979.562.543.541	999.853	982.697	982.552.543.541	999.857	982.213	982.072.543.541	995.319	981.939	977.342.543.541
99993	990.331	992.911	983.310.543.541	999.023	983.067	982.106.543.541	999.357	986.713	986.078.543.541	995.019	986.239	981.326.543.541
99994	992.911	990.331	983.310.543.541	990.933	994.977	985.955.543.541	992.407	991.763	984.232.543.541	997.379	981.479	978.906.543.541
99995	993.161	997.581	990.758.543.541	990.683	999.727	990.412.543.541	992.177	992.133	984.371.543.541	998.299	986.159	984.481.543.541
99996	994.241	997.301	991.557.543.541	991.763	992.407	984.232.543.541	993.537	995.893	989.456.543.541	999.769	988.989	988.760.543.541
99997	994.071	999.571	993.644.543.541	991.623	997.667	989.309.543.541	994.977	990.933	985.955.543.541	990.259	998.199	988.475.543.541
99998	995.571	998.071	993.650.543.541	992.133	992.177	984.371.543.541	994.597	996.753	991.367.543.541	991.809	996.149	987.989.543.541
99999	995.281	999.461	994.744.543.541	992.993	999.637	992.632.543.541	996.937	993.293	990.250.543.541	991.419	997.839	989.276.543.541
100000	996.071	997.571	993.651.543.541	993.293	996.937	990.250.543.541	996.007	999.363	995.372.543.541	996.149	991.809	987.989.543.541
100001	997.581	993.161	990.758.543.541	993.443	998.087	991.542.543.541	996.997	999.153	996.152.543.541	997.839	991.419	989.276.543.541
100002	997.301	994.241	991.557.543.541	995.893	993.537	989.456.543.541	997.667	991.623	989.309.543.541	997.459	998.999	996.460.543.541
100003	997.571	996.071	993.651.543.541	996.753	994.597	991.367.543.541	998.087	993.443	991.542.543.541	998.199	990.259	988.475.543.541
100004	998.071	995.571	993.650.543.541	998.383	998.427	996.812.543.541	998.427	998.383	996.812.543.541	998.999	997.459	996.460.543.541
100005	999.571	994.071	993.644.543.541	999.153	996.997	996.152.543.541	999.727	990.683	990.412.543.541	998.089	998.669	996.760.543.541
100006	999.461	995.281	994.744.543.541	999.363	996.007	995.372.543.541	999.637	992.993	992.632.543.541	998.669	998.089	996.760.543.541

Abb. 5.1: Vollständige *Excel*-Liste für sieben Endziffern, erstellt auf Basis der Liste für sechs Endziffern, Liste der Basisdaten

	M	N	O	P	Q	R	S	T	U	V	W	X
1	13	14	15	16	17	18	19	20	21	22	23	24
2							Mit Doppelten					
3	Vorangestellt		543.541 = EndZiffern				Unsortiert					
4	v_1	v_2	1.000.000 = Faktor			$f_1 = ...3 \mid f_2 = ...7$ identisch $f_1 = ...7 \mid f_2 = ...3$						
5	0	9	100.000									
6	$f_1 = ...1$	$f_2 = ...1$	$EZ = f_1 \cdot f_2$	$f_1 = ...3$	$f_2 = ...7$	$EZ = f_1 \cdot f_2$	$f_1 = ...7$	$f_2 = ...3$	$EZ = f_1 \cdot f_2$	$f_1 = ...9$	$f_2 = ...9$	$EZ = f_1 \cdot f_2$
7	1.331	9.001.911	11.981.543.541	363	9.007.007	3.269.543.541	637	9.003.993	5.735.543.541	539	9.004.719	4.853.543.541
8	1.911	9.001.331	17.201.543.541	273	9.009.317	2.459.543.541	847	9.003.003	7.625.543.541	429	9.005.929	3.863.543.541
9	1.001	9.002.541	9.011.543.541	1.573	9.001.617	14.159.543.541	1.617	9.001.573	14.555.543.541	1.929	9.004.429	17.369.543.541
10	1.801	9.009.741	16.226.543.541	1.913	9.006.557	17.229.543.541	3.247	9.005.403	29.240.543.541	2.429	9.003.929	21.870.543.541
11	2.541	9.001.001	22.871.543.541	2.333	9.008.377	21.016.543.541	4.107	9.006.463	36.989.543.541	2.699	9.005.759	24.306.543.541
12	2.161	9.008.581	19.467.543.541	3.003	9.000.847	27.029.543.541	6.557	9.001.913	59.025.543.541	2.419	9.006.839	21.787.543.541
13	3.851	9.008.191	34.690.543.541	3.993	9.000.637	35.939.543.541	6.707	9.003.063	60.383.543.541	3.929	9.002.429	35.370.543.541
14	8.581	9.002.161	77.247.543.541	3.063	9.006.707	27.587.543.541	7.007	9.000.363	63.065.543.541	4.719	9.000.539	42.473.543.541
15	8.191	9.003.851	73.750.543.541	5.403	9.003.247	48.644.543.541	7.867	9.007.823	70.864.543.541	4.429	9.001.929	39.869.543.541
16	9.741	9.001.801	87.686.543.541	5.023	9.009.067	45.252.543.541	8.377	9.002.333	75.412.543.541	5.929	9.000.429	53.363.543.541
99990	994.051	9.989.991	9.930.560.543.541	997.303	9.980.147	9.953.230.543.541	998.637	9.981.993	9.968.387.543.541	991.389	9.989.369	9.903.350.543.541
99991	998.631	9.980.611	9.966.947.543.541	998.363	9.985.007	9.968.661.543.541	998.517	9.985.473	9.970.664.543.541	994.439	9.982.819	9.927.304.543.541
99992	998.941	9.980.601	9.970.031.543.541	999.853	9.982.697	9.981.229.543.541	999.857	9.982.213	9.980.785.543.541	995.319	9.981.939	9.935.213.543.541
99993	990.331	9.992.911	9.896.289.543.541	999.023	9.983.067	9.973.313.543.541	999.357	9.986.713	9.980.291.543.541	995.019	9.986.239	9.936.497.543.541
99994	992.911	9.990.331	9.919.509.543.541	990.933	9.994.977	9.904.352.543.541	992.407	9.991.763	9.915.895.543.541	997.379	9.981.479	9.955.317.543.541
99995	993.161	9.997.581	9.929.207.543.541	990.683	9.999.727	9.906.559.543.541	992.177	9.992.133	9.913.964.543.541	998.299	9.986.159	9.969.172.543.541
99996	994.241	9.997.301	9.939.726.543.541	991.763	9.992.407	9.910.099.543.541	993.537	9.995.893	9.931.289.543.541	999.769	9.988.989	9.986.681.543.541
99997	994.071	9.999.571	9.940.283.543.541	991.623	9.997.667	9.913.916.543.541	994.977	9.990.933	9.940.748.543.541	990.259	9.998.199	9.900.806.543.541
99998	995.571	9.998.071	9.953.789.543.541	992.133	9.992.177	9.913.568.543.541	994.597	9.996.753	9.942.740.543.541	991.809	9.996.149	9.914.270.543.541
99999	995.281	9.999.461	9.952.273.543.541	992.993	9.999.637	9.929.569.543.541	996.937	9.993.293	9.962.683.543.541	991.419	9.997.839	9.912.047.543.541
100000	996.071	9.997.571	9.958.290.543.541	993.293	9.996.937	9.929.887.543.541	996.007	9.999.363	9.959.435.543.541	996.149	9.991.809	9.953.330.543.541
100001	997.581	9.993.161	9.968.987.543.541	993.443	9.998.087	9.932.529.543.541	996.997	9.999.153	9.969.125.543.541	997.839	9.991.419	9.969.827.543.541
100002	997.301	9.994.241	9.967.266.543.541	995.893	9.993.537	9.952.493.543.541	997.667	9.991.623	9.968.312.543.541	997.459	9.998.999	9.973.591.543.541
100003	997.571	9.996.071	9.971.790.543.541	996.753	9.994.597	9.962.144.543.541	998.087	9.993.443	9.974.325.543.541	998.199	9.990.259	9.972.266.543.541
100004	998.071	9.995.571	9.976.289.543.541	998.383	9.998.427	9.982.259.543.541	998.427	9.998.383	9.982.655.543.541	998.999	9.997.459	9.987.451.543.541
100005	999.571	9.994.071	9.989.783.543.541	999.153	9.996.997	9.988.529.543.541	999.727	9.990.683	9.987.955.543.541	998.089	9.998.669	9.979.561.543.541
100006	999.461	9.995.281	9.989.893.543.541	999.363	9.996.007	9.989.639.543.541	999.637	9.992.993	9.989.365.543.541	998.669	9.998.089	9.984.781.543.541

Abb. 5.2: Vollständige *Excel*-Liste für sieben Endziffern, erstellt auf Basis der Liste für sechs Endziffern, Basisdaten mit vorangestellten Ziffern mit $v_1 = 0$

	Y	Z	AA	AB	AC	AD	AE	AF	AG	AH	AI	AJ	AK
	25	26	27	28	29	30	31	32	33	34	35	36	37
1													
2					Mit Doppelten						Start:	21:26:57	
3			9.543.541 = EndZiffern			Unsortiert					Ende:	21:30:39	
4			10.000.000 = Faktor			$f_1=3 \mid f_2=7$ identisch $f_1=7 \mid f_2=3$					Dauer:	00:03:42 h	
5		Anzahl:	1.000.000			1.000.000			1.000.000			1.000.000	4.000.000
6	$f_1=\dots1$	$f_2=\dots1$	$EZ=f_1\cdot f_2$	$f_1=\dots3$	$f_2=\dots7$	$EZ=f_1\cdot f_2$	$f_1=\dots7$	$f_2=\dots3$	$EZ=f_1\cdot f_2$	$f_1=\dots9$	$f_2=\dots9$	$EZ=f_1\cdot f_2$	
7	9.005.271	1.028.371	9.260.759.543.541	1.002.333	1.008.377	1.010.729.543.541	1.008.377	1.002.333	1.010.729.543.541	9.002.429	1.003.929	9.037.799.543.541	
8	8.005.271	2.028.371	16.237.659.543.541	2.002.333	2.008.377	4.021.439.543.541	2.008.377	2.002.333	4.021.439.543.541	8.002.429	2.003.929	16.036.299.543.541	
9	7.005.271	3.028.371	21.214.559.543.541	3.002.333	3.008.377	9.032.149.543.541	3.008.377	3.002.333	9.032.149.543.541	7.002.429	3.003.929	21.034.799.543.541	
10	6.005.271	4.028.371	24.191.459.543.541	4.002.333	4.008.377	16.042.859.543.541	4.008.377	4.002.333	16.042.859.543.541	6.002.429	4.003.929	24.033.299.543.541	
11	5.005.271	5.028.371	25.168.359.543.541	5.002.333	5.008.377	25.053.569.543.541	5.008.377	5.002.333	25.053.569.543.541	5.002.429	5.003.929	25.031.799.543.541	
12	4.005.271	6.028.371	24.145.259.543.541	6.002.333	6.008.377	36.064.279.543.541	6.008.377	6.002.333	36.064.279.543.541	4.002.429	6.003.929	24.030.299.543.541	
13	3.005.271	7.028.371	21.122.159.543.541	7.002.333	7.008.377	49.074.989.543.541	7.008.377	7.002.333	49.074.989.543.541	3.002.429	7.003.929	21.028.799.543.541	
14	2.005.271	8.028.371	16.099.059.543.541	8.002.333	8.008.377	64.085.699.543.541	8.008.377	8.002.333	64.085.699.543.541	2.002.429	8.003.929	16.027.299.543.541	
15	1.005.271	9.028.371	9.075.959.543.541	9.002.333	9.008.377	81.096.409.543.541	9.008.377	9.002.333	81.096.409.543.541	1.002.429	9.003.929	9.025.799.543.541	
16	5.271	28.371	149.543.541	2.333	8.377	19.543.541	8.377	2.333	19.543.541	2.429	3.929	**9.543.541**	
999986	992.911	9.990.331	9.919.509.543.541	998.383	9.998.427	9.982.259.543.541	997.707	9.984.063	9.961.169.543.541	998.189	9.966.569	9.948.519.543.541	
999987	9.995.571	998.071	9.976.289.543.541	1.999.153	996.997	1.993.149.543.541	1.997.447	989.603	1.976.679.543.541	9.998.979	979.879	9.797.789.543.541	
999988	8.995.571	1.998.071	17.973.789.543.541	2.999.153	1.996.997	5.989.299.543.541	2.997.447	1.989.603	5.963.729.543.541	8.998.979	1.979.879	17.816.889.543.541	
999989	7.995.571	2.998.071	23.971.289.543.541	3.999.153	2.996.997	11.985.449.543.541	3.997.447	2.989.603	11.950.779.543.541	7.998.979	2.979.879	23.835.989.543.541	
999990	6.995.571	3.998.071	27.968.789.543.541	4.999.153	3.996.997	19.981.599.543.541	4.997.447	3.989.603	19.937.829.543.541	6.998.979	3.979.879	27.855.089.543.541	
999991	5.995.571	4.998.071	29.966.289.543.541	5.999.153	4.996.997	29.977.749.543.541	5.997.447	4.989.603	29.924.879.543.541	5.998.979	4.979.879	29.874.189.543.541	
999992	4.995.571	5.998.071	29.963.789.543.541	6.999.153	5.996.997	41.973.899.543.541	6.997.447	5.989.603	41.911.929.543.541	4.998.979	5.979.879	29.893.289.543.541	
999993	3.995.571	6.998.071	27.961.289.543.541	7.999.153	6.996.997	55.970.049.543.541	7.997.447	6.989.603	55.898.979.543.541	3.998.979	6.979.879	27.912.389.543.541	
999994	2.995.571	7.998.071	23.958.789.543.541	8.999.153	7.996.997	71.966.199.543.541	8.997.447	7.989.603	71.886.029.543.541	2.998.979	7.979.879	23.931.489.543.541	
999995	1.995.571	8.998.071	17.956.289.543.541	9.999.153	8.996.997	89.962.349.543.541	9.997.447	8.989.603	89.873.079.543.541	1.998.979	8.979.879	17.950.589.543.541	
999996	995.571	9.998.071	9.953.789.543.541	999.153	9.996.997	9.988.529.543.541	997.447	9.989.603	9.964.099.543.541	998.979	9.979.879	9.969.689.543.541	
999997	9.998.071	995.571	9.953.789.543.541	1.999.363	996.007	1.991.379.543.541	1.993.537	995.893	1.985.349.543.541	9.990.599	981.859	9.809.359.543.541	
999998	8.998.071	1.995.571	17.956.289.543.541	2.999.363	1.996.007	5.986.749.543.541	2.993.537	1.995.893	5.974.779.543.541	8.990.599	1.981.859	17.818.099.543.541	
999999	7.998.071	2.995.571	23.958.789.543.541	3.999.363	2.996.007	11.982.119.543.541	3.993.537	2.995.893	11.964.209.543.541	7.990.599	2.981.859	23.826.839.543.541	
1000000	6.998.071	3.995.571	27.961.289.543.541	4.999.363	3.996.007	19.977.489.543.541	4.993.537	3.995.893	19.953.639.543.541	6.990.599	3.981.859	27.835.579.543.541	
1000001	5.998.071	4.995.571	29.963.789.543.541	5.999.363	4.996.007	29.972.859.543.541	5.993.537	4.995.893	29.943.069.543.541	5.990.599	4.981.859	29.844.319.543.541	
1000002	4.998.071	5.995.571	29.966.289.543.541	6.999.363	5.996.007	41.968.229.543.541	6.993.537	5.995.893	41.932.499.543.541	4.990.599	5.981.859	29.853.059.543.541	
1000003	3.998.071	6.995.571	27.968.789.543.541	7.999.363	6.996.007	55.963.599.543.541	7.993.537	6.995.893	55.921.929.543.541	3.990.599	6.981.859	27.861.799.543.541	
1000004	2.998.071	7.995.571	23.971.289.543.541	8.999.363	7.996.007	71.958.969.543.541	8.993.537	7.995.893	71.911.359.543.541	2.990.599	7.981.859	23.870.539.543.541	
1000005	1.998.071	8.995.571	17.973.789.543.541	9.999.363	8.996.007	89.954.339.543.541	9.993.537	8.995.893	89.900.789.543.541	1.990.599	8.981.859	17.879.279.543.541	
1000006	998.071	9.995.571	9.976.289.543.541	999.363	9.996.007	9.989.639.543.541	993.537	9.995.893	9.931.289.543.541	990.599	9.981.859	9.888.019.543.541	jEnde

Abb. 5.3: Vollständige *Excel*-Liste für sieben Endziffern, erstellt auf Basis der Liste für sechs Endziffern, gefundene Varianten der alternativen Programmversion

3.6 Statistik

Vollständige Liste der Endziffervarianten

i^*	Typ: (a)	(b)	(c)	(d)	Summe	t^{**}	T^{**}
1	1	1	1	1	4	—	—
2	10	10	10	10	$4{\cdot}10$	1 s	<0,5 s
3	10^2	10^2	10^2	10^2	$4{\cdot}10^2$	2 s	<0,5 s
4	10^3	10^3	10^3	10^3	$4{\cdot}10^3$	2 s	<0,5 s
5	10^4	10^4	10^4	10^4	$4{\cdot}10^4$	7 s	14 s
6	10^5	10^5	10^5	10^5	$4{\cdot}10^5$	50 s	21:25 m
7	10^6	10^6	10^6	10^6	$4{\cdot}10^6$	08:04 m	1 - 11:15:56 d

alternative Programmversion t^{***}:   03:42 m

Liste für 8 Endziffern auf 10 Dateien verteilt (*Excel* Beschränkung der Tabellenzeilenanzahl):

8	10^7	10^7	10^7	10^7	$4{\cdot}10^7$	≈10·0,8 h	≈10·1,5 d

Verteilung der Liste für 9 Endziffern auf 100 Dateien erforderlich:

9	10^8	10^8	10^8	10^8	$4{\cdot}10^8$	≈100·0,8 h	≈100·1,5 d

Tab. 12: Vollständige Variantenliste, Variantenanzahlen und *VBA*-Laufzeiten

Liste unterschiedlicher Endziffervarianten, Versionen mit Tausch f_1 <=> f_2 nicht gelistet

i^*	Typ: (a)	(b)	(c)	(d)	Summe	t^{***}	T^{**}
1	1	1	1	1	4	—	—
2	6	6	4	6	22	1 s	<0,5 s
3	50	56	44	50	$2{\cdot}10^2$	2 s	<0,5 s
4	500	506	494	500	$2{\cdot}10^3$	3 s	1 s
5	5.000	5.006	4.994	5.000	$2{\cdot}10^4$	7 s	14 s
6	50.000	49.806	50.194	50.000	$2{\cdot}10^5$	43 s	21:37 m
7	500.000	499.806	500.194	500.000	$2{\cdot}10^6$	02:56 m	1 - 11:20:28 d

Liste für 8 Endziffern auf 10 Dateien verteilt (*Excel* Beschränkung der Tabellenzeilenanzahl):

	Typ: (a)	(b)	(c)	(d)	Summe	t^{***}	
8a:	500.000	499.846	500.154	500.000	2.000.000	03:10 m	
8b:	500.000	501.092	498.908	500.000	2.000.000	02:54 m	
8c:	500.000	499.099	500.901	500.002	2.000.002	02:54 m	
8d:	500.000	500.904	499.096	499.998	1.999.998	02:54 m	
8e:	500.000	499.181	500.819	500.000	2.000.000	02:54 m	
8f:	500.000	500.882	499.118	500.000	2.000.000	02:53 m	
8g:	500.000	499.517	500.483	500.000	2.000.000	02:54 m	
8h:	500.000	500.528	499.472	500.002	2.000.002	02:59 m	
8i:	500.000	499.889	500.111	499.998	1.999.998	03:05 m	
8j:	500.000	499.868	500.132	500.000	2.000.000	03:05 m	
8:	5.000.000	5.000.806	4.999.194	5.000.000	20.000.000	29:42 m	

Verteilung der Liste für 9 Endziffern auf 100 Dateien erforderlich:

9	50.000.000	50.000.000	50.000.000	50.000.000	$2{\cdot}10^8$	≈100·1 h	≈100 h

Tab. 13: Liste unterschiedlicher Varianten, Variantenanzahlen und *VBA*-Laufzeiten

* i = Anzahl der Endziffern

** t = *VBA*-Programm-Laufzeit für Hinzufügen einer vorangestellten Endziffer

*** t = alternative Programmversion nutzt die Regeln $v_1 + v_2$ = konstant für Typ (a) und Typ (d)

                     $v_1 - v_2$ = konstant für Typ (b) und Typ (c)

     T = *VBA*-Programm-Laufzeit bei direkter Berechnung der Liste

ANHANG

ABKÜRZUNGEN
Symbole

Allgemein

<	kleiner als
>	größer als
≠	ungleich
<=>	Tausch
|	oder (Liste von Alternativen)
d	Tag(e)
h	Stunde(n)
m	Minute(n)
p	Position
s	Sekunde(n)
t	Programmlaufzeit bei Berechnung der Faktoren f_1 und f_2 durch Voranstellen von Ziffern
T	Programmlaufzeit bei direkter Berechnung der Faktoren f_1 und f_2

Excel

$	Symbol für absolute Bezüge von Zellenadressen
[ ]	Klammern für Zellenbezeichnung in *Excel*

Endziffern-Arithmetik

f_1, f_2	Endziffern der *RSA*-129-Faktoren
v_1, v_2	Ziffer, die den *RSA*-Faktoren f_1 und f_2 vorangestellt ist, allgemein
$_pv_1$, $_pv_2$	Ziffer, die den *RSA*-Faktoren f_1 und f_2 an Position p vorangestellt ist
$_pv_0$	1. Ziffer (Position p) des Produktes $f_1 \cdot f_2$ von p Endziffern
$_pv'_0$	1. Ziffer (Position p) des Produktes $f_1 \cdot f_2$, von $p-1$ Endziffern

Abkürzungen

Abb.	Abbildung
Bildsch.	Bildschirm
bzw.	beziehungsweise
d. h.	das heißt
ex.	existiert, existieren
EZ	Endziffer(n)
inkl.	inklusive
LZ	letzte Ziffer(n)
prim	nicht teilbar
RSA	ist eine Gesellschaft für Computer und Netzwerksicherheit, gegründet von Ron Rivest, Adi Shamir und Leonard Adleman
RSA-129	ist eine Semiprimzahl, d. h. ein Produkt aus zwei Primzahlen, mit 129 Ziffern
Tab.	Tabelle

LITERATUR
Internet

https://de.wikipedia.org/wiki/RSA-129

https://de-academic.com/dic.nsf/dewiki/1150551

https://dewiki.de/Lexikon/RSA-129

https://www.schoenleber.org/hhcry/7-4-2.html

VERZEICHNISSE

Abbildungen

Tabellen

Sachwortregister